自動車整備業の経営と労務管理

社会保険労務士
本田淳也 著

日本法令®

はじめに

20代の頃から、日々クルマと向き合ってきました。自動車短大で基礎知識を学び、ディーラーで応用実務を身に付け、四駆専門誌ではクルマの魅力に迫る記事を執筆しました。いつも周りには大勢の“クルマバカ”がいました。

自動車が好きだからクルマ屋さんで働く……、当時は当たり前の話でしたが、最近は「そこまで好きじゃない」、そんな方が増えているように感じます。労務トラブルが頻繁に起こるようになった理由は、こうした労働者の“意識の変化”にあると考えています。

筆者は、100年に一度といわれる自動車業界の技術革新への対応、深刻な整備士不足への取組み、切実な後継者問題など、課題が山積していると感じており、そのことは、昨年寄稿した開業社労士専門誌「SR」でも述べたとおりです。

しかしながら、こうした変化に対応できている会社は依然として少ないままです。

本書では、社会保険労務士として、近年、資格者不足が社会問題になっている「自動車整備業」を中心に、販売、整備、板金、塗装なども行う「クルマ屋さん」とも関わるところは範囲を広げ、上記の変化に対応するために、どうすればよいか、何をしなければならないかを解説しています。

本書をひとつのきっかけとして自社に合った体制をつくり、変化に対応する力を付けてほしいと願っています。そして、従業員が“働きがい”を感じ、会社に“誇り”を抱き「私の職場は人をつくっている会社です。あわせて自動車の販売や修理もやっていますよ！」、と言ってくる日がやって来ることを心待ちにしています。

従業員が“働きがい”を感じ、会社に“誇り”を抱けること。それが本人のため、会社のために重要なことではないでしょうか。

2019年2月
社会保険労務士　本田淳也

CONTENTS

第3章　これからの自動車整備業のヒト・カネ問題

第6章　「人をつくる会社」を体現する会社の取組み例

第1章
大転換期を迎える自動車業界

Ⅰ　売上高 20 兆円にも上る業界の現状

1　自動車保有台数の推移

売上高 20 兆円にも上る自動車業界。これは、自動車販売事業と整備事業の合計額です。ほかの交通事業である鉄道やタクシーと比較しても際立っているのがわかります（図表 1）。特に経済波及効果は 50 兆円と群を抜いており、また従業員数も 90 万人と、間違いなく地域産業における重要な役割を担っていると言えるでしょう。

ここではそんな自動車業界の現状を見ていきますが、その際参考になるのが、ナンバーを付けている自動車の台数を表す「自動車保有台数」（以下、「保有台数」という）です。これは、車検や点検、修理等といった新車販売後のアフターマーケットにも大きな影響を及ぼすものであり、非常に重要な数字と考えられています。

近年の「少子化」や「若者の自動車離れ」という状況を考えれば、減少傾向にあると予測する方も多いでしょう。しかし、実際はその逆で、緩やかな増加傾向にあるのです（図表 2）。

その理由は、都市部を中心としたレンタカーやカーシェアリングの普及、事業用車両等の需要増による結果なのかもしれません。いずれにせよ、自動車業界にとっては喜ばしい傾向ではあります。

ただし、国土交通省（以下、「国交省」という）が発表している「交通需要推計検討資料」によると、乗用車保有台数は 2020 年頃から緩やかに減少する傾向と推測されています（図表 3）。これは乗用車のみの結果ですが、「少子化」という大きなマイナス要因を考慮すれば、乗用車以外の保有台数も今後は少しずつ減少するという予測が妥当でしょう。

図表１　各事業者の規模等

業種	事業者数	営業収入（整備事業および販売業においては売上高）	従業員数	経済波及効果[※8]
トラック事業[※1]	6.3 万（2012 年度）	14.9 兆（2011 年度）	約 140 万（2011 年度）	約 27 兆円
バス事業[※2]	0.6 万（2012 年度）	1.4 兆（2012 年度）	約 17 万（2011 年度）	約 2.5 兆円
タクシー事業[※3]	5.5 万（2011 年度）	1.7 兆（2011 年度）	約 41 万（2011 年度）	約 3.1 兆円
整備事業[※4]	7.3 万（2012 年度）	5.3 兆（2012 年度）	約 55 万（2012 年度）	約 9 兆円
自動車販売業[※5]	1.1 万（2012 年度）	14.6 兆（2012 年度）	約 35 万（2012 年度）	約 41 兆円
（航空事業）[※6]	16（2013 年度）	2.9 兆（2012 年度）	約 3 万（2013 年度）	約 5.3 兆円
（鉄道事業）[※7]	199（2013 年度）	5.9 兆（2011 年度）	約 20 万（2011 年度）	約 11 兆円

（※１）国土交通省自動車局貨物課調べ、（※２）国土交通省自動車局旅客課調べ
（※３）国土交通省自動車局旅客課調べ、（※４）日整連「自動車整備白書　平成24 年度版」
（※５）（一社）日本自動車販売協会連合会及び（一社）日本中古自動車販売協会連合会調べ
（※６、７）「数字でみる航空 2014」（主要事業者のみ）、「数字でみる鉄道 2013」
（※８）経済波及効果については、平成 17 年産業連関表（確報）の逆行列係数表を用いて、算出した。
なお、算出の際に用いた各事業の部門コードは、整備事業：31（対事業所サービス）自動車販売業：16（輸送機械）　その他：25（運輸）

出典：国土交通省「自動車整備士不足の現状と行政の取組」

図表2　自動車保有台数の推移（軽自動車を含む）

年＼車種	乗用車	貨物車	乗合車	特種（種）車
1975年	16,044,338	10,281,006	218,689	557,420
1985年	27,038,220	16,359,708	230,084	911,809
1998年	48,684,206	19,402,235	239,866	1,521,329
2008年	57,551,248	16,264,921	230,981	1,578,059
2013年	59,357,223	14,851,666	226,047	1,654,739
2014年	60,051,338	14,749,266	226,542	1,669,679
2015年	60,517,249	14,652,701	227,579	1,683,313
2016年	60,831,892	14,539,289	230,603	1,700,014
2017年	61,253,300	14,451,394	232,793	1,720,030

年＼車種	二輪車	合計
1975年	769,022	27,870,475
1985年	1,823,053	46,362,874
1998年	3,008,947	72,856,583
2008年	3,455,553	79,080,762
2013年	3,535,528	79,625,203
2014年	3,575,746	80,272,571
2015年	3,589,551	80,670,393
2016年	3,598,932	80,900,730
2017年	3,602,689	81,260,206

＊乗合車：バス　＊二輪車（125 cc を超えるオートバイ）：小型二輪車と軽二輪車

出典：（一社）自動車検査登録情報協会「自動車保有台数の推移」

図表３　乗用車保有台数の推計結果

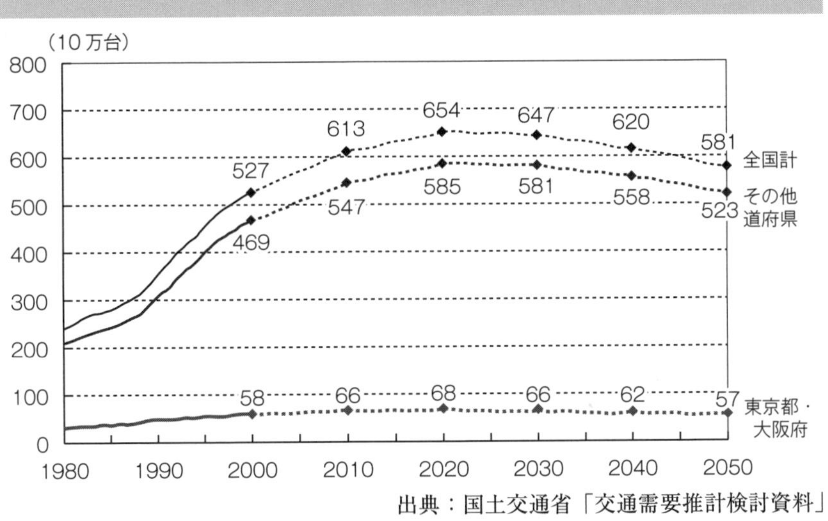

出典：国土交通省「交通需要推計検討資料」

2　販売台数の推移

次に、近年の新車・中古車販売の推移を見てみましょう。

(1)　新車販売台数は減少傾向

一般社団法人日本自動車販売協会連合会（以下、「自販連」という）によると、2017年の新車販売台数は523万台で前年比105％と増加しました（図表4)。しかし、過去4年間を比較すると、全体的にはやや減少傾向にあり、2015年には50万台ほど減少し、前年比90％にまで落ち込んでいます。

その理由のひとつとして、平均車齢（初度登録からの経過年の平均）の伸びが挙げられます。自動車検査登録情報協会が発表した2017年3月現在の平均車齢は、乗用車で8.53年。10年前の2007年と比較すると1.44年伸び、また前年と比べても0.09年高齢化し、23年連続で過去最高齢となっています。

新車販売台数が減少し、自動車の長期使用で伸びる平均車齢。推

図表4　新車・年別販売台数

年	販売台数	前年比（%）
2014	5,562,752	103.5
2015	5,046,411	90.7
2016	4,970,197	98.5
2017	5,234,095	105.3

出典：自販連『新車・年別販売台数（登録車＋軽自動車）』

移を考えれば、今後も最高齢を更新していくと同時に、新車の販売台数は減少傾向が続くのかもしれません。

(2)　中古販売台数は増加傾向

一方、中古車の販売（登録）台数については、多少の増加傾向にあるようです（図表5）。2017年の販売台数は386万台で前年比

図表5　中古車・年別販売台数

年	販売台数	前年比（%）
2014	3,751,533	96.4
2015	3,732,148	99.5
2016	3,762,654	100.8
2017	3,865,941	102.7

出典：自販連『中古車・年別販売台数』

102.7％。2014年、2015年と比較しても、同程度の伸び率となっています。中古車販売市場は、新車販売より好調だと言えるでしょう。これには平均車齢の伸びや経済状況も深く影響していると考えられます。

いずれにしても、「大事に長く乗り続けたい」、「大きな出費をなるべく抑えたい」といったユーザーの意識を感じ取ることができるのではないでしょうか。

3　1995年から減少傾向が続く整備売上

自動車購入後は、点検・車検、修理といったアフターメンテナンスが付きものです。専業工場（整備売上高が総売上高の50％を超える事業場）は当然ながら、兼業工場（販売売上等が総売上高の50％以上を占める事業場）やメーカー系ディーラー（以下、ディーラー）においても、その整備売上は企業の存続に欠かせないものとなっています。

整備売上の推移を**図表６**で見ると、東日本大震災の復興需要等で売上は増加したようですが、ひと段落した2015年度には減少傾向に転じています。

2017年度は若干持ち直したものの、それでも全体の推移でみれば、1995年をピークに売上は減少傾向が続いており、今後もその傾向は継続すると予測されています。

なぜ保有台数は増えているのに整備売上が減少するのでしょうか？　しかも平均車齢が伸びると一般的には修理費用がかさむはずですが、なぜ減少するのでしょうか？　そこには「整備工場の競争」と「ユーザーの節約志向」があるようです。

例えば、2016年度の整備売上は、前年と比べると1,189億円の減少。２年車検だけで考えても354億円減少しています。ただ、実際の継続検査台数は増加しているのです。つまり、１台当たりの単価が減っていると考えられるでしょう。

図表6　総整備売上高

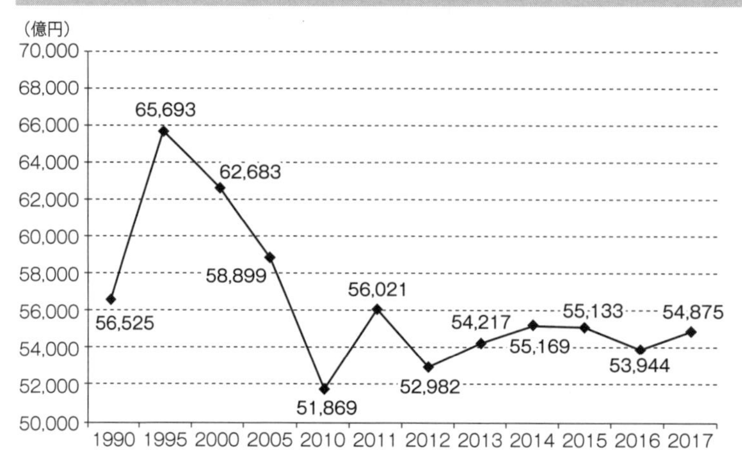

出典：（一社）日本自動車整備振興会連合会「自動車整備白書平成29年度版」

要因としては、短時間車検チェーンによる競争激化やメンテナンスパックの増加、維持費の安い軽自動車等への移行などが考えられます。さらには日本経済の先行きに不安を感じた企業やユーザーが、緊急性の低い整備や軽微な事故修理を見送り・中止した結果と推測されています。

このような状況を踏まえ、とりわけ専業工場においては今後、売上減少を見据えた経営の舵取りが必要になってくるでしょう。

Ⅱ 技術革新で100年に一度の大転換期が到来

1　2種類の技術革新が急速に進むそのワケ

昨今、驚異的に進む技術革新により激変しつつある自動車業界。「電気自動車」と「自動運転」がそれです。この技術が進歩すると自動車の概念を覆すといっても過言ではないかもしれません。「次世代車」と呼ばれるにふさわしい、それほど大きな変化だといわれています。

(1)　各国のメーカーがしのぎを削る電気自動車

まずは電気自動車（ＥＶ）について。現在主流となっている自動車には内燃機関（エンジン）が搭載されています。これは、ガソリンを燃焼させた際のエネルギーを使って走行します。しかしながら、この内燃機関には「二酸化炭素発生による温暖化の影響」や「低いエネルギー自給率」などの問題があります。

そこで環境に優しく、経済的にも優れている電気自動車が注目されるようになりました。電気でモーターを動かし走行する電気自動車。ここ数年は一層各国自動車メーカーによる競争が激化しているといわれます。

(2)　出遅れを挽回すべく、官民一体で攻勢をかける日本

もともと三菱自動車が世界初の量産電気自動車を発売するなど、日本の自動車メーカーがこの分野をリードしてきました。しかしここ数年は、欧米や中国のメーカーも開発に多額の資金を投じ、日本の技術をしのぐまでに急成長しています。とりわけ国内の大気汚染が深刻な中国の台頭が著しいと言われています。

出遅れ感が否めない日本ですが、自動車の輸出に関しては、年間

図表7　新車（乗用車）販売台数に占めるEV・PHVの割合のイメージ

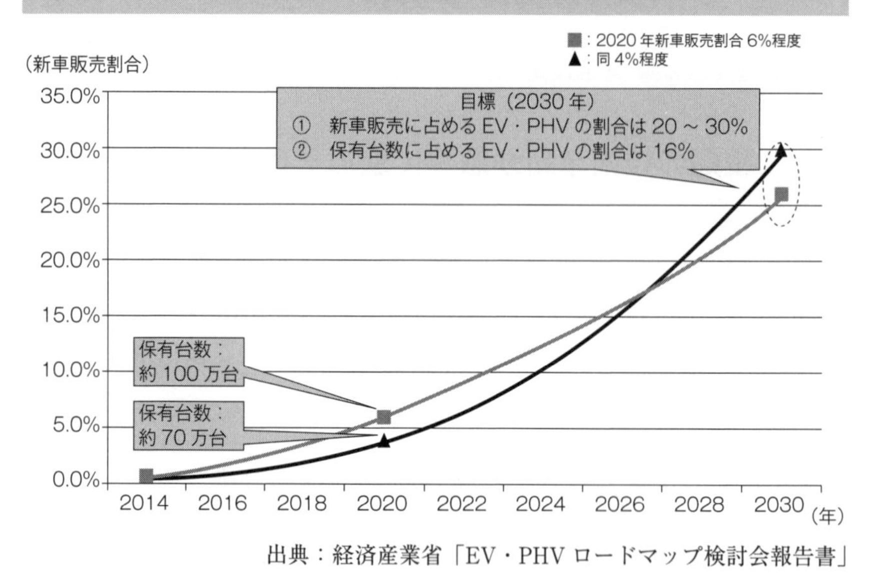

出典：経済産業省「EV・PHVロードマップ検討会報告書」

15兆円を超える最大品目である上、500万人以上が関連産業に就業しており、まさに日本経済の屋台骨です。

このような背景もあり、2016年に経済産業省は、「2020年に最大で100万台の普及台数を目指す」（PHV含む）とし、2030年には新車販売に占める割合を20～30%、保有台数16%という数値目標を掲げています（図表7・8）。さらには電気自動車の普及のカギを握るレアメタル確保という課題もあり、今まさに官民一体で世界に挑むかっこうとなっているのです。

(3)　自動運転システムの開発で「異次元の自動車」が登場

皆さんも「自動運転」という言葉を一度は見聞きしたことがあるでしょう。その名のとおりドライバーに代わり自動で運転してくれるシステムを搭載した自動車が登場してきています。

自動運転システムを搭載した自動車が普及すると、交通事故の低

図表８　日本と諸外国の電気自動車（EV）普及目標

	主な目標・発言	全自動車台数（2015年）	EV・PHV 定量台数目標			
			2016年	2020年	2030年	2040年
日本	2030年までにEV・PHVの新車販売20～30％を目指す（経済産業省）	8,000万台	15万台（累計）	100万台（累計）	20～30％（新車販売）	
英国	2040年までにガソリン・ディーゼル車販売終了[※1]（運輸省、環境・食料農村地域省）	4,000万台	9万台（累計）	150万台（累計）	（ガソリン・ディーゼル販売終了）	
フランス	2040年までにGHG排出自動車の販売終了[※1]（ユロ・エコロジー大臣）	4,000万台	8万台（累計）	200万台（累計）	（ガソリン・ディーゼル販売終了）	
ドイツ	ディーゼル・ガソリン車の禁止は独政府のアジェンダには存在しない（政府報道官）	5,000万台	7万台（累計）	100万台（累計）	600万台（累計）	
中国	2019年から生産量の一部[※2]をEV・FCV・PHVとするよう義務化（工信部）	1億6,000万台	65万台（累計）	500万台（累計）	8,000万台（累計）	
米国（加州）	販売量の一部[※3]をZEV[※4]とする規制あり（2018年からHVが対象外に）（カルフォルニア州）	2,500万台	56万台（累計）	150万台（累計）※2025年の目標		

※１　PHV・HVの終了については明言されていない　※２　2019年10％、2020年12％
※３　2020年6％（EV・FCVのみの値）　※４　Zero Emission Vehicle（EV・FCV・PHV）

出典：資源エネルギー庁「ＥＶ普及のカギをにぎるレアメタル」

減や渋滞の解消・緩和、少子高齢化による移動手段の減少やドライバー不足の解消といった、道路交通に関する多くの課題を解決できると期待されています。このシステムを搭載した自動車は、まさに「異次元の自動車」と言えます。しかしながら、すぐさまドライバーが不要となるわけではなく、その搭載システムにより５段階のレベル分けがされています（**図表9**）。

自動運転のはじまりといわれるのは、よく高速道路で使用されていた「クルーズ・コントロール」です。スイッチを入れるとアクセ

図表９　自動運転のレベル分けについて

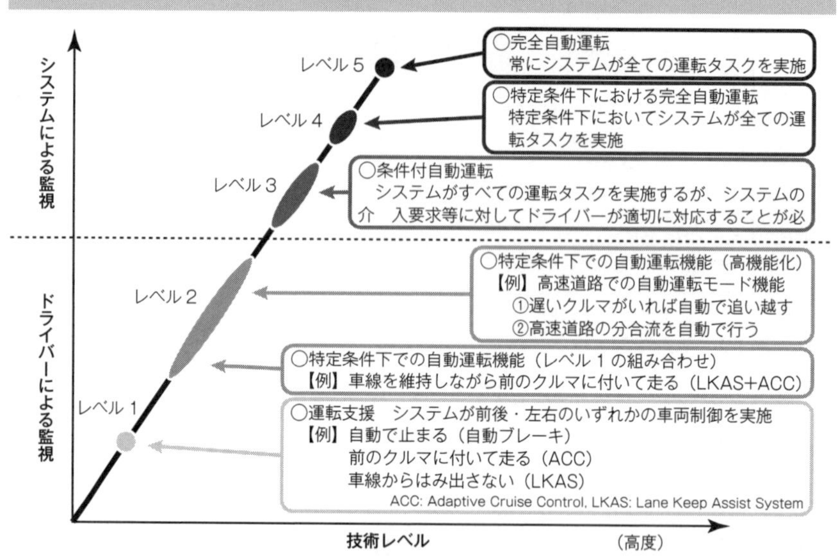

出典：国土交通省「自動運転の実現に向けた今後の国土交通省の取組」

ルを踏み続けることなく一定の速度を保ってくれるというシステムで、自動運転としてはレベル１に相当します。

その後、スバルのアイサイトや日産のプロパイロットなどが登場し、技術的に進んでいる欧米メーカーもレベル２相当のシステムを搭載させる中、2018年にはアウディが高級セダン「Ａ８」に、システムが主体となるレベル３を望む自動運転機能を搭載し、９月に発表されましたが、各国の実情に合わせて機能を発揮させる環境は選ばなければならないとして、レベル３機能を発揮するための操作ボタンはあえて取り外されています。

(4)　自動運転の分野でも総力戦で挑む日本

日本における自動運転システムの開発は、電気自動車同様、技術的に後れをとっているといわれており、開発競争に打ち勝てるよう、官民挙げての取組みが進んでいます。

今後はより一層、世界に先んじての市場化実現を目指し、法整備はもちろん、テクニカルな分野においても総力戦で挑んでいくのではないでしょうか。

2　電気自動車の普及で整備業界はどう変わる？

電気自動車は駆動力をモーターで得るため、エンジンオイルやＡＴフルード、冷却水、Ｖベルト、エアクリーナー等が不要となり、構造上、ブレーキパッドの消耗も大幅に抑制されます。また、エンジンに関連して発生するトラブル、例えばオーバーヒートやベルト鳴きといった不具合もなく、ラジエーターなどの修理・交換も不要となってくるでしょう。

したがって、修理作業に対する工賃売上や部品売上が減少するのはもちろんのこと、アフターマーケットにおいて重要なユーザーと定期的に接点を持つ機会も減少してしまいます。これによって今までオイル交換や定期点検の度にコミュニケーションを図っていた、いわゆる「常連客」が少なくなり、車検の時しか来店しないという関係が増えてくるのかもしれません。

(1)　整備士の負担増は避けられない

電気自動車の普及は、整備士の仕事をも大きく変えます。現在の機械を中心とした知識や整備技術だけでは足りず、電気や電子といった幅広い知識が不可欠になるためです。こうした新しい知識や技術の習得には、研修などに多くの時間を費やす必要があります。

しかしながら、詳細は後述しますが、全体の半数で「整備士が不足している」（大半が小規模事業所）といった状況の中、研修時間の捻出は大きな負担と言えるでしょう。

整備士の平均年齢も気になります。国交省の「自動車整備士不足の現状と行政の取組」によると、2014年の整備要員の平均年齢は43.8歳で、約２割が55歳以上です。20年以上前の整備学校時代を振り返ると、筆者と同世代のこうした整備士には、「自動車好き」もしくは「機械いじりが楽しい」という友人が多かった記憶があります。機械整備を20年以上やってきたエンジン好きなメカニックに対し、「これからは電気と電子も覚えてください」と言っても、どれほど習得できるかは気になるところです。これが50歳代であれば、なおさらではないでしょうか。

(2)　今以上の電子制御の普及で会社の費用負担も増加

電気自動車には、装置が正常に作動しているかどうかを診断する「スキャンツール」と呼ばれる外部故障診断機器が欠かせません。現在の自動車の電子制御診断にも使用されていますが、電気自動車が普及すれば、今以上に重要なツールとなるようです。

このスキャンツールは、現在の自動車の電子制御診断に使用するもので数万円のものから100万円もする多機能タイプまでと幅広く、平均は15万円～20万円程度です。ただ、電気自動車にも対応できるものとなれば価格はグンと上昇するかもしれません。

いずれにせよ更新等の定期的な出費も考えると、小規模な整備工場にとってはかなり重い設備投資になるでしょう。

3　自動運転が自動車整備業にもたらす影響

2018年4月、政府が発表した「自動運転に係る制度整備大綱」によると、自動運転が目指す最たるものは、「安全で安心な移動ができること」とされています。つまり、人為的ミスによる自動車事故を減らすことです。

実際、国交省が発表した「自動運転を巡る国内・国際動向」では、2013年に交通事故により死亡した4,000人のうち、96%が運転者に起因していたようです。さらに物損事故まで含めると相当な件数になるでしょう。

現在、実用化されているレベル1に相当する「自動ブレーキ」や

「車間距離の維持」、「車線の維持」などのシステムを搭載した自動車が普及すると、事故件数はかなり減少するのではないでしょうか（図表 10）。

図表 10　自動運転技術の開発状況

	現在（実用化済み）	2020 年まで		2025 年目途
実用化が見込まれる自動走行技術	【レベル１】 ・自動ブレーキ ・車間距離の維持 ・車線の維持	【レベル２】 ・高速道路におけるハンドルの自動操作 －自動追越し －自動合流・分流	【レベル４（エリア限定）】 ・限定地域における無人自動走行移動サービス（遠隔型、専用空間）	【レベル４】 ・完全自動走行
開発状況	市販車へ搭載	試作車の走行試験	IT 企業による構想段階	課題の整理
政府の役割	・実用化された技術の普及促進 ・正しい使用法の周知	・ハンドルの自動操作に関する国際基準の策定（2016～2018 年） →日本・ドイツが国際議論を主導	・2017 年までに必要な実証が可能となるよう制度を整備 ・技術レベルに応じた安全確保措置の検討 ・開発状況を踏まえたさらなる制度的取扱いの検討	・完全自動走行車に対応した制度の整備 －安全担保措置 －事故時の責任関係

出典：国土交通省「自動運転を巡る動き」

例えば、駐車場内での軽微な接触事故をはじめ、アクセルとブレーキの踏み間違い、走行中の車両等への衝突など、数多くの物損事故を未然に防げる可能性があります。免許を取得して間もない初心者や高齢者には特に歓迎すべきシステムと言えるでしょう。

事故を減少させるということに対しては、誰しも異論の余地はないと思います。しかしながら、業界には大きな変化をもたらします。

もっとも影響するのは、板金・塗装（車体整備）の分野です。事故が少なくなれば、当然ながら破損やへこみで入庫する自動車が減り、売上も減少します。年々減っている車体整備の売上は、自動運転の普及に伴い、その傾向がさらに加速するのではないでしょうか。

そう考えると、特に車体整備をメインに行っている会社については、売上減少を見込んだ長期的な経営計画が必要となるでしょう。

Ⅲ 「所有」から「共有」へ 急成長するカーシェアリング

1　利便性の良さが受け都市部での利用が増加

自動車を所有するには、購入代金のほかに自動車税、車検代、ガソリン代、任意保険料、駐車場代、タイヤ代、メンテナンス費用など、かなりの維持費がかかります。交通機関が整っていない地方ならまだしも、たまにしか乗らない都市部のユーザーなら、もっと効率的な手段はないのか、そう考えても不思議ではありません。

そんな人達のニーズにマッチしたのが、所有するのではなく必要な時だけ借りる「カーシェアリング」です。特徴として、24時間貸出し・返却可能（無人)、パソコンやスマートフォンから予約できICカード等で乗車可能（対面手続不要)、15分単位での利用ができ価格も200円程度と短時間なら割安、ガソリン代が無料などが挙げられます。

チョイ乗り可能で使い勝手も良い。そんな利便性が受け、カーシェアリングの会員数や車両台数は増加傾向にあります（図表11)。

カーシェアリングの利用開始理由については、以下が多いようです。

・公共交通機関だけでは不便
・維持費がかかるので自動車を売却した
・レンタカーより使い勝手が良い
・レンタカーより料金が割安

自動車を持っているという憧れやステータスよりも、なるべく出費を抑えたいというユーザー意識を背景に、カーシェアリング市場は今後も拡大していくと予測されています。

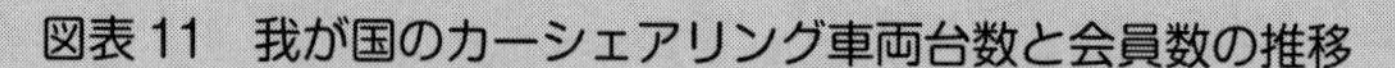
図表 11　我が国のカーシェアリング車両台数と会員数の推移

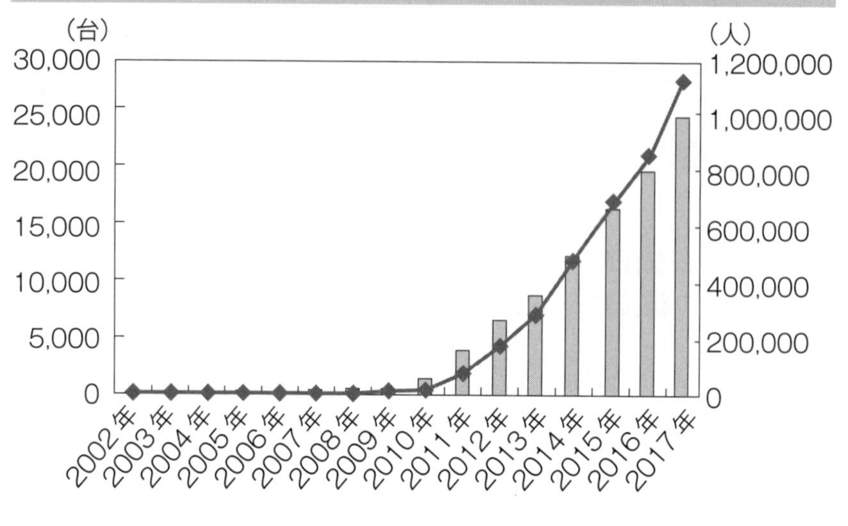

出典：公益財団法人交通エコロジー・モビリティ財団調査

2　クルマ屋さんへの影響は？

カーシェアリングが普及すると、クルマ屋さんにどのような影響があるのでしょうか。

まずは保有台数について見てみましょう。日本自動車工業会の「2017年度乗用車市場動向調査」によれば、今後の買替え・保有意向について、「今後の保有を減らす（やめる）」との回答が増加している地域があります。とりわけ首都圏においては、2011年の調査から５％増加しています。

その理由として最も多かったのは「高齢・病気・体力」ですが、維持費負担に関する複数の理由も上位を占めています。また、「カーシェアリングを利用」と答えたユーザーは全体では少ないものの、ライフステージ別でみると「家族成長前期」（家計中心者の長子が小・中学生の世帯）および「家族成長後期」（家計中心者の長子が高校生・大学生の世帯）では、全体より＋5％以上の差が出ており、今後カーシェアリングの普及とともにより顕著になってくるのかもしれません。

こうした動きが加速することによって、将来的には1台当たりの走行距離が2倍以上伸び、結果として新車販売台数は減少傾向が続くと予測されているようです。整備売上も、販売台数や保有台数が減少すると整備等の売上も減少すると見るのが一般的です。

もう1つの変化は、ユーザーが個人からカーシェアリング運営事業者へ移るということです。個人にアプローチしていたものが、今後はまとまった台数を保有する運営事業者の信頼を勝ち得なければ受注が困難になるのではないでしょうか。そうすると、数名の小さな整備工場より規模の大きなディーラーにアドバンテージがあるのかもしれません。

2018年3月時点において、カーシェアリングの車両台数は約29,000台で乗用車における保有台数割合としては0.1％に満たないものの、カーシェアリングは都市部に集中していること、また増加傾向にあることを考えれば、影響を受けるクルマ屋さんも少しずつ増えてくるのではないでしょうか。

飛躍的に進歩する2つの技術革新、そして「マイカー」から「カーシェア」へ……今、自動車の在り方が大きく変わろうとしています。

第２章
トヨタ式「改善」に学ぶ 働き方改革と生産性向上

I トヨタ式「改善」とは

近年、社会的に「働き方改革」が叫ばれ、同時に残業時間を抑制する動きが目立っています。当然ながらノー残業のほうが働くヒトにとっても望ましいことです。ただ、労働時間を短くして同じ業務量をこなすとなると、当然に仕事の効率をアップさせなければなりません。これが、「生産性の向上」ですが、一口に「仕事を早く終わらせろ」と言っても、従業員もあまりピンと来ません。そんなときに参考にしていただきたいのが、トヨタ式「改善」(KAIZEN)です。

トヨタ式「改善」は、多くのアメリカ企業でも採り入れられ、例えば世界最大の複合企業ゼネラル・エレクトリック社や、アップル、アマゾン、デル、そして電気自動車専業メーカーであるテスラ・モーターズなど、トヨタ式「改善」を活用し、世界的に成功していると言われています。

1　どんな仕事にも「改善」の意識を持つ

トヨタ式「改善」をわかりやすく一言で言うと、「人間のアイディアを限りなく尊重し、絶えず変化を追い求める」といったところでしょうか。

本来の改善の意味は「悪いところを改めて良くすること」です。例えば、ユーザーからのクレームを受け今後発生しないよう体制を見直すといったことが改善で、実務的には、このように不都合が起きてから行動に移すケースが多いはずです。

しかし、このトヨタ式「改善」は少々異なります。普段から「より良くする」という意識を徹底させるとともに、「変化」への対応を何よりも優先している点が特徴と言えるでしょう。

もともと自動車を作る過程から生まれたものですが、すべての業種に活用でき、また事業規模は問いません。従業員１人の事業場でも構いません。このトヨタ式「改善」に少しずつでも取り組んでもらえたら、きっと事業にプラスの影響があるでしょう。

経営者のみなさんには、ぜひとも従業員が今まで当たり前のようにやっていた仕事について、もっと良い方法がないか見つめ直す機会を与えていただきたいと思います。その小さな改善の積重ねが、働き方改革と生産性の向上につながります。

２　部署ごとに分断された状態では「改善」は生まれない

一般的には、営業、整備、事務など、部署によって担当職務が振り分けられていると思います。これには作業の効率化が図れるといったメリットもありますが、ヨコの人間関係が希薄になり自分の仕事以外のことに無関心になるというデメリットもあります。

例えば、ちょっと大きな飲食店やホテルでは営業部、料飲部、調理部、総務部等に分かれていて、通常、営業や料飲のスタッフは料理を作りませんし、料理人が営業活動や接客をすることはありません。そのため、営業が必死で獲得したちょっと手間のかかる宴会を、個別対応のために仕事のやり方を考えるのは面倒だからという理由で「そんなのやれない」と平然と答える料理人もいると聞きます。

クルマ屋さんでも、いくつかの部署に分かれ、それぞれに整備士や板金・塗装工という担当職務の異なる従業員が配置されているところでは同じように「そんなのやれない」と仕事を拒否するようなことが起こり得ます。これではずっと同じ仕事を同じようにやるばかりで、工夫や改善に向けたアイディアは生まれません。

3 「1人多数役」で発想の転換を促す

こうした分断状態を解消するには、営業や総務の担当者が手の空いている時に簡単なタイヤ交換やオイル交換を手伝う、整備士や板金・塗装工が混んでいる時に進んで接客を手伝うなど、「1人多数役」となって自分の仕事以外のことにも積極的に関わる必要があると感じます。実際、入社から3カ月間は他部署を経験させるクルマ屋さんもあると聞きます。

複数の部署の仕事を経験することで部署間のコミュニケーションや社内の人間関係が良好になり、結果として部署間での調整が必要となる改善点やアイディアを提案しやすくなるのです。全体的な生産性も向上するはずです。

トヨタ式「改善」では、1人の知恵に頼るのではなく、みんなの知恵を集めることを基本におくといわれます。みんなの知恵を集めるために、まずはコミュニケーションが生まれる環境をつくることです。

トヨタ式「改善」を進める上で、「1人多数役」という取組みは欠かせないものと言えるでしょう。

Ⅱ 「日々改善、日々実践」を続けなければならない理由

　昨今、顕著な人材不足やＡＩ（人工知能）の急速な進歩により、多くの会社が変化を求められています。技術革新と整備士不足が叫ばれる自動車業界においても、その必要性は高いと言えるでしょう。

　トヨタ式「改善」は、「気づき、学び、成長」で成り立っているといわれます。それには、漠然と仕事をするのではなく、絶えず問題意識をもつことが重要です。

　例えば、「中古車両の仕入れから販売までのスパンを短くするにはどうしたらよいか」、「車検にかかる時間を短縮するにはどうしたらよいか」、「板金から塗装までを効率良く進めるにはどうしたらよいか」など、従業員一人ひとりが日々改善策を考えることにより、結果として本人も成長するし会社も良くなると言えます。

　トヨタはすでに50年以上もこの方式を採用しているようですが、いまだに「発展途上」という言葉を使っていると聞きます。売上や規模は関係なくより良いモノづくりを追求するには、そして同業他社より一歩リードするには、「無限の可能性」がある従業員の知恵やアイディアが何よりも重要だと考えているのではないでしょうか。

「日々改善、日々実践」はすべての会社において必要だと思います。とりわけ大きな転換期を迎える自動車業界においては、現状に満足しないという強い意識が重要だとも感じています。

Ⅲ プラスαの知恵の数だけ人は成長し、会社も強くなる

トヨタ式「改善」では、若い社員にもプラスαの知恵を求めるそうです。上司から指示された仕事をこなすだけではなく、そこに自分の考えた知恵やアイディアを採り入れることが求められるのです。たしかに、言われるがままやっているだけでは本人の成長は望めません。

自分で頭を使って考えることで、仕事をよりうまくこなせるようになり、従業員の「考える力」が養われるのです。この「考える力」がトヨタ式「改善」の礎になっているようです。

例えば、営業スタッフはどうすればもっと車が売れるかという課題に絶えず直面しています。成約率の高い人も低い人もいますが、筆者は、その差は「考える力」にあると思います。

物事を考えられるスタッフは個々のユーザーの思いを読み解き、購入する上でネックになっている不安や問題を１つずつ解決することができるため、成約につながるのでしょう。そうでないスタッフは、ユーザーに合わせた対応となっていないので成約につながらないのです。

そう考えると、個々の「考える力」が養われることにより会社の利益が上がり、結果として従業員の待遇改善や生産性向上にもつながるのではないでしょうか。

売上部門の従業員でなくても、例えば整備フロントが30分かかっていた資料を20分で仕上げるにはどうすればいいのか、ユーザーにわかりやすい説明をするには整備士との連携が必要なのかなど、「考える力」１つで多くの改善を進めていくことが可能となります。

この「考える力」の重要性をすべての従業員に認識してもらうには、日頃からやりとりのある上司の意識や粘り強さが欠かせませ

ん。知恵や工夫の数だけ本人が成長でき、また会社も強くなれるということを強くアピールし、長く継続していきましょう。

また、従業員にプラスαの知恵を求めると同時に、“積極的”に提案しやすい環境も整えてほしいと思います。たとえ提案しにくそうな上司がいたとしても、まずはしっかり話を聞くということを会社として徹底しましょう。

ぜひ根気よく取り組んでもらいたいと思います。

Ⅳ 考えることを「習慣」にし、提案は「行動」に移す

トヨタ式「改善」の基礎を築いた大野耐一氏はこう言います。「みんなから出た小さなヒントを集大成するのが一番有効な改善になる」、と。

事実、トヨタの生産方式は、毎月従業員から出される何千もの改善提案に支えられているといわれます。些細なアイディアにも真剣に耳を傾け、日々改善を進めるトヨタ式「改善」。

ですが、導入してもあまりアイディアが出て来なかったという会社も多いようです。実は、筆者もサラリーマン時代に同じような経験があります。

この取組みで難しいと感じるのは、早々に改善案が尽きてしまうこと。ほかの同僚や部下も同様でしたが、それでも何とか考え抜き、毎週「改善シート」なるものを提出していました。しかし、やがて個々のアイディアに対する会社からの回答が来なくなり、結局2~3カ月のうちにその取組みは自然となくなりました。

長年継続しているトヨタ式「改善」と何が違ったのでしょうか。

一言で言うと、アイディアや改善案を示すことが「習慣」になっていたかどうかだと思います。さらに、それに対して会社も本気で対応しているか。

この2つが揃わなければ、多くの改善案を日々の改善に活かしていくことは難しいでしょう。

1 考えることを「習慣」にするには

まず従業員の意識を変える必要があります。日々の改善を進めることにより、仕事がやりやすくなる、短時間で済ませるようになる、安全になる、会社のためになる……すべての従業員にこのこと

をきちんと伝え、結果として待遇改善にもつながることを認識してもらいましょう。そして、会社も些細な提案や小さな改善点をおろそかにせず、それをまとめて大きな効果のある改善につなげる、そんな強い意識で取り組む必要があるでしょう。

2　行動に移してこそ「改善」が実現する

トヨタ式「改善」に取り組んでも成果が出ないという会社があります。素晴らしいアイディアや改善案が多数挙がってくるのにうまくいかない理由は、行動に移せていないからでしょう。

例えば、「点検・車検の件数を増やしたい」という目標が設定され、整備フロントから達成するためのアプローチ方法がいくつも提案されたとします。ここまでは多くの会社でやっていると思いますが、それは、実践しなければ意味はありません。トヨタ式「改善」で成果を得るために最も肝心なのは、この「実際に行動に移す」ことだと言っても過言ではないのです。

そうは言っても、有言実行は意外に難しいもの。実際に行動すると問題や課題がいくつも出てきたり、部署間の調整が必要になったりするケースもあります。そもそも人は変化を好まないともいわれます。

しかし、従業員の働き方を変える、生産性を向上させる、技術革新に負けない強い会社を作る。これを実現するには、常に改善案を出して実行すること、そしてそれを「継続」させることが不可欠ではないでしょうか。

V　ムダをなくして生産性を向上させる

「日々改善、日々実践」にあたり、小さなアイディアや改善案を実践することに加え、もう1つ取り組んでもらいたいことがあります。それは、「ムダ」をなくすことです。

1　仕事のムダをなくす

みなさんの日々の仕事にも、何かしら「ムダ」と感じる業務があると思います。ただ多くの場合、何も改善せずにそのままやり続けていないでしょうか。

作業の効率化を図るには、まずこの「ムダ」を取り除かなければなりません。その仕事が本当に必要かどうか、今一度立ち止まって考える必要があるでしょう。

例えば、筆者がディーラーでメカニックとして勤務していた頃、月末に、2人がかりで半日かかる部品在庫の棚卸しを必ず行っていました。当時は疑問を感じることもなく黙々とこなしていましたが、今思えば在庫把握や会計上必要とはいえ、毎月それほど変動はなく、もしかしたら2～3カ月に一度でもよかったのかもしれません。

これは1つの例に過ぎませんが、大きな組織になればなるほど、ムダな「仕事」が多数存在している可能性があります。

2　作業中のムダをなくす

ものを探している時間も、「ムダ」です。トヨタの工場では、ものを探している人はいないといわれます。みなさんの会社の従業員はいかがでしょうか。トヨタ式「改善」では、整理整頓を次のように考えているようです。

いらないものを処分することが整理であり、ほしいものがいつでも取り出せることを整頓という。ただきちんと並べるのは整列であって、現場の管理は整理整頓でなければならない

職種によって仕事に必要なものは異なります。事務員なら書類を、営業なら顧客ファイルを、整備士なら工具を、板金・塗装工なら塗料を、欲しい時に欲しいものをすぐに取り出せるようにしておくことが、仕事の効率化には欠かせません。消耗品等を切らさないようにすることも、本人の作業スピード以上に仕事のスピードに影響します。

筆者も、入社したての頃は必要な工具がすぐに取り出せる状態にはなっていませんでした。例えば、12 mm のソケットレンチを探しているのに見つかるのはなぜか別のサイズ。作業を中断して探すことになるので、何度か続くとイライラするし仕事もはかどりません。こうした経験から常に整頓を心がけるうちに、普段はあまり使わない 8 mm や 11 mm でもすぐに取り出せるツールワゴンとなった記憶があります。

簡単なようですが、意外と一筋縄ではいかない整理整頓。会社としては、その徹底が従業員のためであるということを明確に伝えつつ、習慣になるまで継続していきましょう。

なお、整理整頓は労働災害の防止にも非常に有効です。

Ⅵ 成否を分けるのは経営者の認識

働き方を見直して効率化を図り、生産性を向上させるには、「人づくり」も欠かせません。それには、トップである経営者の役割・認識が重要です。

1 残業時間削減を目標としない

トヨタ式「改善」を実践する上で注意していただきたいのは、「残業時間削減」を目標としないことです。このような目標が先行して掲げられてしまうと、作業の効率化よりも目先の残業時間を少なくすることが目標と誤認識されてしまうおそれがあります。そうなれば、仕事を自宅に持ち帰ったり経営者が帰った後にこっそり残業したりと、行動も見当違いなものになり、「改善」とは程遠い結果になりかねません。

ここで重要なのは、仕事のムダを省いたり、整理整頓でモノを探す時間を削減したりと、まずは業務の効率化を図って生産性を向上させること。これにより、今まで5時間かかっていた仕事が4時間で終わるなどが成果として現れ、その結果として残業時間が減少してきた、そんな流れが理想です。かけ声だけが先行し、残った仕事の処理に頭を悩ますのでは逆効果です。

2 「部下の育成」を管理職の評価項目にしよう

トヨタ式「改善」等により効率化と生産性向上を図る姿勢の継続に欠かせない、管理職の評価についてもお伝えしておきたいと思います。

各部署の目標達成に対して責任を負っている管理職について、もちろんその達成度は評価項目に含まれていると思いますが、「部下の育成」はどうでしょうか。人づくりにどれだけ貢献したかを管理職の評価項目に加えるだけでも、部下育成への関心が大きく高まるはずです。

筆者は、トヨタ式「改善」を継続させ、企業の風土として根付かせるために、管理職が部下に浸透させる努力を怠らないことも欠かせない要素の１つだと感じています。この浸透は、日々の育成によってなされます。

トヨタの経営陣が「人づくり」について語った言葉に、次のようなものがあります。

- **買収に 30 年と 30 分があるなら、トヨタは例外なく前者を選ぶ**
- **人づくりは 10 年単位の仕事**

トヨタ式「改善」は、知恵を出して働く人を育て、成長した人がさらに新しい改善点を提案するといった、「人」がベースになっているのです。それがサイクルとして回るようになるには、数カ月や数年ではなく、やはり 10 年単位という年月が必要になるといいます。

粘り強く少しずつ自社にマッチするよう見直しを重ねながら、地道に“継続”していく。結果、従業員が成長し、会社も成長する。

もっとも重要で難しい人材で差別化が図られ、同業他社より数段強い組織が生まれ、必然と地域 No.1 企業になれる、そう言い切っても大げさではないと感じています。

第３章
これからの自動車整備業のヒト・カネ問題

I どんな職種のヒトが働いているの？

クルマ屋さんには複数の専門職が存在します。業態別に見ても多い部類に入るのではないでしょうか。そのため、まずはどのような職種があり、どんな仕事をしているかを紹介します。

一般的なクルマ屋さんの職種および業務の流れは、図表12のようになっています。このほかに販売のみの会社、整備のみの会社、板金・塗装のみの会社、また事業所の規模により兼務されている場合など様々ですが、あくまで一般的なイメージとしてご覧ください。

1　利益確保の主力業務を担う「営業スタッフ」

自動車の販売が主な仕事です。同時に、ユーザーとの接点を継続するため、各種整備等を案内するアフターフォローも重要な仕事です。

自動車の販売は、当然ながら売上と仕入に対する差額を利益としてもたらしますが、それだけではなく、その後の定期的な点検や車検、一般整備にまでつながるケースも多いのです。販売と整備とで売上が上がるのは一石二鳥と言え、ディーラーが販売に注力している理由がよくわかります。そのため、販売を“利益確保の主力業務”と位置付けているクルマ屋さんが多いと思います。

資格は特に必要なく、会社が採用を検討する際は業種を問わず“営業経験”を求めているようです。

これまで整備から営業へ異動した整備士を多く見てきましたが、向き・不向きが顕著に表れる職種だと実感しています。

図表 12　一般的なクルマ屋さんの職業および業務の流れ（イメージ）

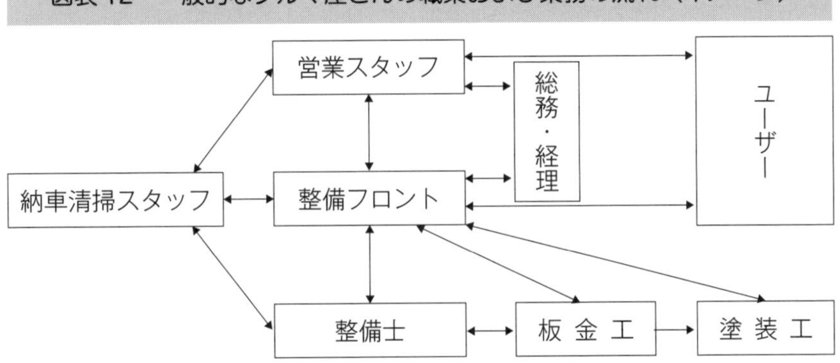

2　整備工場の顔となる「整備フロント」

通常、現場では“フロント”と呼ばれていますが、本書ではイメージを掴みやすいように名称を「整備フロント」としています。

点検・整備の依頼を受けたユーザーとやり取りをする専門スタッフが整備フロントです。一般的に、整備士が直接ユーザーと接客するケースは少なく、整備フロントは言わば、“ユーザーと整備士との仲介者”という立ち位置になります。

実際の流れとしては、ユーザーが来店したら整備フロントが対応し、要望を詳しく聞き取り、その内容を整備指示書に書き込みます。整備士は、その指示書に従ってメンテナンス等を実施し、完了後、整備フロントに報告します。そして、整備フロントが納車する際にユーザーへの説明や費用請求を行います。

当然ながら整備の基礎知識が欠かせない上、整備士が苦手としている接客能力も求められます。また、整備フロントの対応でユーザーが感じる印象も大きく変わるため、とても重要な役割を担っていると言えます。

ただ、小規模な整備工場にあってはその限りでなく、整備士が整備フロントの役割も担っているケースが多く存在します。

3　幅広い知識と経験が欠かせない「整備士」

「整備士」は、その名のとおり自動車を整備する人です。業務を大別すると「点検」と「修理」の2つがあります。前者は、12カ月点検や24カ月点検、車検が中心となり、後者は、不具合が生じた部品の交換や摩耗した消耗品を事前に交換するといった作業になります。

とは言っても、自動車の構造は多岐にわたります。エンジン、シャシ、電気装置、付属パーツ、さらにぞれぞれの構造においても複数の仕組みがあります。安全面に関連する作業も多くあるため、おそらくクルマ屋さんの職種の中でも、もっとも幅広い知識と経験を要するのではないでしょうか。

またクルマ屋さんにおいて、特に資格の有無を問われる職種でもあり、従来から会社側も必然と採用には力を入れていたように感じます。しかしここ数年、若者を中心とした整備士不足が社会問題となっています。「近い将来、整備不良の自動車が道路を走ることになるかも……」、そんな声すら聞こえてきます。

そんな切実な業界事情を踏まえ、本書においては整備士の現状や課題について、深く掘り下げています。

4　ボディを修復する「板金工」

へこんだ車体や傷のついたボディを元どおりに修復するのが「板金工」です。

ハンマーや専用工具で“たたいて”形を整正したり、へこみには専用機器などを使ったりして“引っ張って”形を修復します。細かな凹凸には「パテ」を盛った上、紙やすりを何度もかけ元どおりの状態へ近づけていきます。

資格は必須ではありませんが、経験や感覚といった職人的要素が求められるため、熟練した能力の高い板金工を必要とする会社が多いようです。

5　色を元通りにする「塗装工」

サビや傷によって剥がれ落ちた車体の塗装を元どおりにするのが「塗装工」です。

現車色にぴったり合う塗料を調色し、2〜3色をスプレーガンで6回程度に分けて吹きつけていきます。「どこを塗装したかわからない」、そんな域に達するまでは長い経験を必要とします。微妙な色合わせはまさに職人技と言えるでしょう。

板金が終了したら塗装を開始するというケースも多いのですが、最近の傾向では１人で板金と塗装を行う、“板金塗装工”の需要が高まっているように感じます。作業の待ち時間もなく、非常に効率的だと聞きます。

6　納車前の洗車や室内清掃を担う「納車清掃スタッフ」

車検や点検が終わった後、サービスの一貫として納車する前に洗車や室内清掃を行う場合があります。筆者がディーラーに勤務していた当時は整備士が担当していましたが、クルマ屋さんによっては専門スタッフを雇用しているケースもあります。

意外と時間のかかる作業のため、整備士不足が顕著となっている状況を考えると、今後増えてくる職種なのかもしれません。

7　他業種より煩雑になりがちな「総務・経理」

当然ながら、クルマ屋さんにも総務・経理は必要となります。

特徴としては、車検時等に重量税や自賠責保険といった税金を立て替えて支払うため、会計処理が煩雑になりがちです。総務・経理といえども、自動車に関する一定の知識は必要になると考えます。

Ⅱ　自動車整備士ってどんなヒト？

1　そもそもどんな資格なの？

「自動車整備士」という職業はみなさんもご存知でしょう。ここでは、その種類や資格の取得方法、クルマ屋さんにとっての自動車整備士の位置付けについて紹介します。

(1)　整備士の資格は複数ある

まず、自動車整備士の種類は、一級、二級、三級および特殊整備士に分けられ、それぞれに要求される技能レベルおよび種類は次のとおりです。

また自動車整備士になるには、一定の受験資格を満たした上で、国土交通大臣の行う次の自動車整備士技能検定「学科試験（一級は筆記および口述試験）および実技試験」を受け、合格しなければなりません（図表13）。

筆者は、高校卒業後、北海道自動車短期大学（現：北海道科学大学短期大学部）の自動車工業科において２年間自動車の基礎知識を学び、学内の実技試験をクリアした後、学科試験に合格し二級ガソリン自動車整備士を取得しました。学科試験の合格率は90％以上という高いものだったと記憶していますが、それでも半年以上400時間程度は勉強したように思います。

イメージとしては、高校の自動車科を卒業したら三級、専門学校等を卒業したら二級、そしてさらに上を目指す者は一級にトライするといった感じでしょうか。

図表 13　自動車整備士とは

(1) 一級自動車整備士（二級自動車整備士より高度な自動車の整備ができる）
- 一級大型自動車整備士
- 一級小型自動車整備士
- 一級二輪自動車整備士

(2) 二級自動車整備士（自動車の一般的な整備ができる）
- 二級ガソリン自動車整備士
- 二級ジーゼル自動車整備士
- 二級自動車シャシ整備士
- 二級二輪自動車整備士

(3) 三級自動車整備士（自動車各装置の基本的な整備ができる）
- 三級自動車シャシ整備士
- 三級自動車ガソリン・エンジン整備士
- 三級自動車ジーゼル・エンジン整備士
- 三級二輪自動車整備士

(4) 特殊整備士（各々の分野について専門的な知識・技能を有する）
- 自動車タイヤ整備士
- 自動車電機装置整備士
- 自動車車体整備士

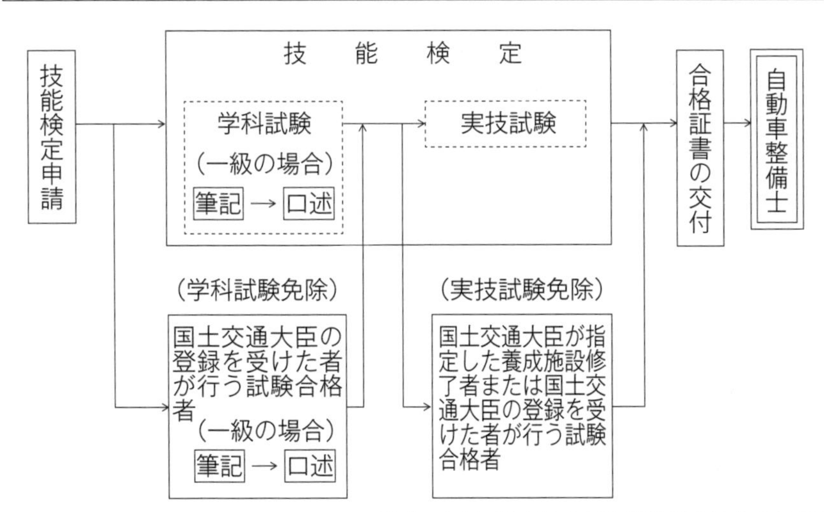

出典：国土交通省「自動車整備士になるには」

(2) 会社が求めているのは二級整備士

現在、整備士として仕事を行う上では、二級自動車整備士を持っていれば、分解・整備・修理といった一般的な整備作業に携わることができます。また、技術や知識などの能力を考え、会社としては少なくとも二級の資格は必要だと感じているはずです。

筆者が二級を取得した当時は、「二級・三級整備士の整備技術向上に重点を置く」などの理由から、一級の国家試験は行われていませんでした。しかし、近年の電子制御装置の採用、さらには新技術や低公害車の普及に向けた高度整備技術革新などが待ち構えている等の理由から、現在は一級小型自動車整備士の国家試験が行われています（一級大型自動車整備士と一級二輪自動車整備士の試験は行われていません）。

2 整備士はどんなところで働いている？

(1) 勤務先は整備工場だけではない

仕事柄、整備士の勤務先で最も多いのは自動車整備工場ですが、その他次のような職場で働く整備士もいます。直接整備の業務を行うことがない損害保険会社で整備士が必要とされるのは、自動車事故の損害額を算出するための事故車両の調査を行う技術アジャスターという仕事に、三級自動車整備士以上の資格が必要だからです。

・メーカーの車両開発部署
・レーシングチーム
・損害保険会社
・航空会社
・中古車販売会社
・カー用品店
・運送会社
・バス会社
・建設機械メーカー

(2)　自動車分解整備事業とは？

自動車整備工場は、正式には「自動車分解整備事業」という事業を営む会社です。会社が事業を行うにあたっては、勝手に行うことはできず、一定の規模の作業場と作業機械、分解整備に従事する従業員を有することを明らかにした申請書を提出して、地方運輸局長の「認証」を受けなければなりません。

「分解整備」とは、原動機（エンジン）や動力伝達装置（トランスミッション等）、制動装置（ブレーキドラム等）を取り外しての整備等に当たるため、一般的な整備工場では、この「認証」は欠かせないものとなります。そして、この「認証」を受けた工場を「認証工場」と言います。

また、認証工場のうち、設備や技術、管理組織等について一定の基準に適合している工場に対して、申請により指定自動車整備事業の「指定」をしています。この「指定」を受けた工場を「指定工場」といい、一般的には「民間車検場」ともよばれています。

(3)　指定工場は設備要件等のハードルが高い

この認証工場と指定工場の大きな違いは、車検の際、運輸支局等の車検場に車両を持ち込み、検査を受ける必要があるか否かです。

認証工場の場合は、点検・整備を受けた後、車検場に車両を持ち込んで検査を受ける必要がありますが、指定工場の場合は、工場内の検査設備と自動車の検査を行う「自動車検査員」が検査を行った上で保安基準適合証を交付してくれます。この適合証を運輸支局等の車検場に提出することにより、車検場への車両持込みを省略できることとなっています。

会社としては自社工場で車検作業がほぼ完結できる指定工場のほうが効率的と言えますが、その分、必要な作業場や設備のハードルは高くなり、また、整備士資格者等の要件も厳しくなります（**図表14**）。

図表14からもわかるように、整備主任者が１人以上必要です

が、整備主任者の資格要件は一級または二級の自動車整備士技能検定に合格した者であることですから、二級以上の資格者がいなければそもそも認証は受けられません。また、工員数に対して一定割合以上の有資格者が在籍することも求められます。

仮に退職者が相次ぎ、整備士不足などで要件を満たさないこととなってしまえば、整備工場としてはかなりの制限を受けながらの作業となり、現実的には難しい経営になるでしょう。

知識や技術的な部分は当然ながら、このような理由からも整備工場に整備士は欠かせないものとなっているのです（図表15）。

図表14　認証工場および指定工場の基準の要員要件

	認証工場	指定工場
事業場管理責任者	―	1人
工員数	2人以上	4人以上（注1）
うち主任技術者	―	1人以上
うち整備主任者	1人以上	1人以上
うち自動車検査員	―	1人以上
うち整備士	1人以上かつ保有割合1/4以上	2人以上かつ保有割合1/3以上（注2）

（注1）対象自動車の種類に車両総重量8t以上、最大積載量5t以上および乗車定員30人以上を含む場合は5人

（注2）自動車タイヤ整備士、自動車電気装置整備士および自動車車体整備士を除く

出典：国土交通省「認証工場及び指定工場の基準」

図表 15　認証工場と指定工場の標識

○認証工場

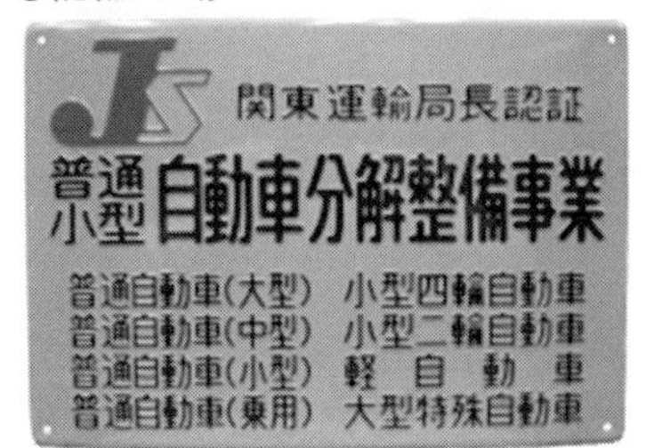

○指定工場

出典：国土交通省ホームページ

Ⅲ 整備士不足対策で求められる労働環境改善

1　整備士を目指す若者は10年間で50%近く減少

整備士の人数は、ここ数年33万人～34万人程度でほぼ横ばいですが（図表16）、整備専門学校等へ入学する若者は過去10年間で50%近く減少しています（図表17）。原因としては、少子化や自動車離れの進展、将来の選択肢の多様化などが考えられます。その他高校の進路担当教師などが整備業界にあまり良いイメージを持っていない、といった理由もあるようです。

国土交通省が2016年4月に発表した「自動車整備人材の確保・育成に関する検討会」（以下、「人材確保検討会」という）によれば、高校から次のような意見・要望があったと報告しています。

①　自動車や整備の仕事への興味の低下
- 最近の高校生等は自動車や整備の仕事にあまり関心がなく、興味を持っている生徒が減ってきた
- 親の理解も重要
- 卒業生や先輩の声は影響力がある

②　自動車整備のPR方法の改善
- メディアやマスコミの活用やDVD等によるPRが必要ではないか。
- 小学生、中学生から車に興味を持つような取組みも必要。
- インターンシップなど、生徒が自動車整備の仕事を直接体験する機会が必要であり、増やしてほしい
- 生徒を対象に直接、説明会等を行ってほしい

③　整備士養成校の学費について
- 整備士養成校は、学費等で費用がかさむため、進学を諦める

場合があり、奨学金や補助金といった生徒の経済的負担を減らす対策が必要

④　**求人について**

・整備工場から高等学校に対して求人がない、または少ない。毎年必ず数名の求人がほしい

・働きながら整備士資格を取得できるのは魅力的だが、会社がバックアップする体制が必要

⑤　**給与等の労働環境の改善について**

・給与面等の待遇面での改善が必要

・残業が多い、休みが取りにくい、土日勤務等は敬遠される傾向にある

・自動車整備士として就職しても、途中から希望に反して営業業務に配置換えされ会社を辞めるケースが多いと聞く。これを敬遠して整備業への就職を諦める生徒がいる

・女性の活用のためには、女性が働きやすい職場環境の整備が必要

高校の進路担当教師が「生徒にあまり勧めていない」というのは、介護事業所についてもよく聞かれることです。部分的な負のイメージのみを捉え、その仕事の全体像が見えていないのではないかと反論したくはなりますが、他業種と比較した際の意見であることを考えると、真摯に受け止め、やはり業界全体で労働環境等の改善を進めていく必要があると思います。

図表16　整備士数の推移

（単位：人）

項目＼調査年度	2010	2011	2012	2013
整備士数	342,897	347,276	346,051	343,210
増減数	－1,319	＋4,379	－1,225	－2,841
増減率	－0.4%	＋1.3%	－0.4%	－0.8%
（うち女性）	－	－	－	－
（増減数）	－	－	－	－
（増減率）	－	－	－	－
項目＼調査年度	2014	2015	2016	2017
整備士数	342,486	339,999	334,655	336,360
増減数	－724	－2,487	－5,344	＋1,705
増減率	－0.2%	－0.7%	－1.6%	＋0.5%
（うち女性）	9,527	10,604	10,935	10,908
（増減数）	－2,901	＋1,077	＋331	－27
（増減率）	－23.3%	＋11.3%	＋3.1%	－0.2%

（注）女性の整備要員数（内数）については、2010～13年の4年間は調査未実施のため、2014年の女性整備士の増減数・増減率（網掛け部分）は2009年との比較を示す。

出典：（一社）日本自動車整備振興会連合会「自動車整備白書平成29年度版」

図表 17　学校入学者数の推移

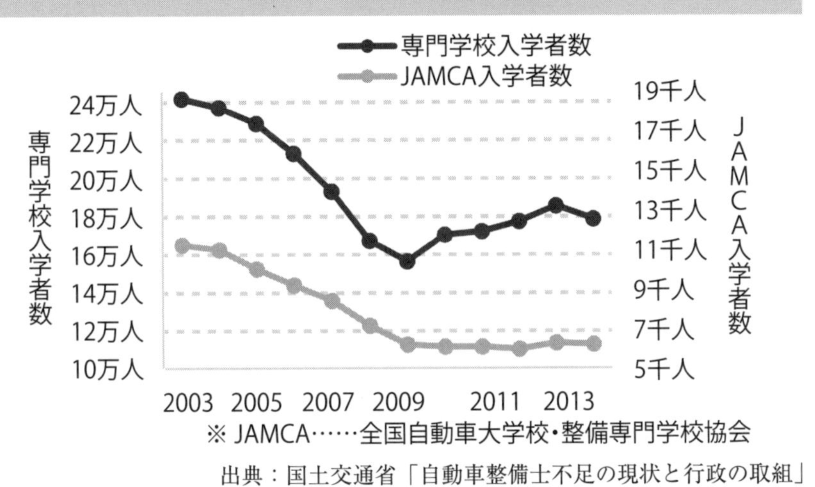

※ JAMCA……全国自動車大学校・整備専門学校協会

出典：国土交通省「自動車整備士不足の現状と行政の取組」

新規入職者が減り、若い整備士が不足すると、現役整備士（整備要員含む）の平均年齢が上昇します（図表 18）。事実、すでに高齢化は進展し、平均年齢が 45 歳、そして約 2 割が 55 歳以上といういびつな構造となっています。

また、全国に認証工場は 9 万 2,000 事業場あり、年間売上高は 5 兆円を超えるものの、規模別で見ると約 8 割が従業員 10 人以下、そのうちの約 5 割が 5 人以下であり、小規模事業所が中心であることがわかります（図表 19）。

小規模事業所の若い整備士不足がこのまま続くと、電気自動車や自動運転といった新しい技術への対応を高齢の整備士がしなければならず、「研修時間」や「知識取得の意欲」などの面で、経営の根幹を揺るがす大きな課題に直面すると予測されています。

図表 18　整備要員の平均年齢の推移（業態別）

業態＼調査年度		2012	2013	2014	2015	2016	2017
専・兼業		47.3	47.7	48.0	48.5	48.4	49.3
		＋0.2	＋0.4	＋0.3	＋0.5	－0.1	＋0.9
	専　業	48.4	48.6	48.8	49.4	49.4	50.3
		＋0.3	＋0.2	＋0.2	＋0.6	±0.0	＋0.9
	兼　業	43.6	44.7	45.1	45.5	45.1	46.1
		＋0.1	＋1.1	＋0.4	＋0.4	－0.4	＋1.0
ディーラー		33.8	33.8	34.1	34.4	34.8	35.0
		＋1.0	±0.0	＋0.3	＋0.3	＋0.4	＋0.2
平　均		43.3	43.5	43.8	44.3	44.3	45.0
		＋0.5	＋0.2	＋0.3	＋0.5	±0.0	＋0.7

（単位：歳）

出典：一般社団法人日本自動車整備振興会連合会「自動車整備白書平成 29 年度版」

図表 19　従業員規模別事業者数（2014 年 6 月現在）

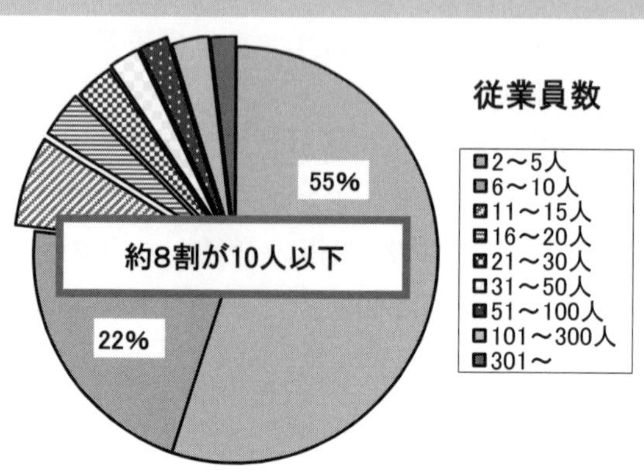

出典：国土交通省「自動車整備士不足の現状と行政の取組」

2　ディーラーでも深刻な整備士不足

整備工場を大別すると、メーカー系ディーラー（以下、「ディーラー」という）と専業・兼業等の工場（以下、「民間工場」という）の2つに分けられ、前者のほうが知名度や資本、従業員数、研修体制など、すべてにおいて後者をしのぎます。

用　語	業　態
専　業	自動車整備業の売上高が総売上高の50%を超える
兼　業	自動車販売、部品用品販売、保険、石油販売等の売上高が総売上高の50%以上を占める
ディーラー	自動車製造会社またはインポーターと特約販売店契約を結んでいる企業の事業場
自　家	主として自企業が保有する車両の整備を行っている事業場

したがって、以前から学校卒業後はディーラーに就職する流れが一般的でした。筆者の卒業時も、8割以上がディーラーに就職したように記憶しています。

ところが、そんなディーラーでも整備士不足は深刻です。国土交通省が2015年6月に発表した「自動車整備士不足の現状と行政の取組」によると、ディーラーの8割が整備士の採用に困っていると答え、4割が「一部採用できたが不足」、1割が「採用できなかった」と回答しています。

慢性的な整備士不足のためか、車検時にユーザーの車の引取り・納車を行うサービス「納車引取り」をやめたディーラーもあると聞きます。今後ますます深刻化する整備士不足。働き方改革はディーラーといえども待ったなしと言えるでしょう。
民間工場はさらに深刻です。整備士を「採用できなかった」割合は4割に上ります（図表20）。
民間工場は今後、ディーラー以上に深刻な整備士不足と先進技術への対応という、難しい舵取りを迫られると予想されます。

3　整備士不足の原因は労働環境にあり？

アンケート結果によれば、整備士の賃金や手当、労働時間、休暇に対する満足度は低く、不満を感じる人が多く労働環境を改善する必要があることがうかがえます。
別の資料でも「不満である」が最も多く、不満がある理由としては、「労働時間に対して低い」「他業種・他社と比べて低い」「高度な技術を必要とする労働に対して低い」といった不満が上位を占めます（図表21）。

(1)　転職理由に低賃金を上げる人は多い

国土交通省が2016年4月に公表した、「自動車整備人材の確保・育成に関する検討会報告書」で、自動車整備業以外に「転職・離職を希望した理由」などを見てみましょう。回答者の年代は40～50代が84%を占めます。
「賃金の条件がよくなかった」が最も多く、次いで「労働時間の条件がよくなかった」「休日・休暇等の条件がよくなかった」が続きます（図表22）。
次に、「自動車整備業から転職する際に求めた労働環境や待遇」を見ると（図表23)、「賃金の条件がよい」が最も多く、次いで「休日・休暇の条件がよい」「労働時間の条件がよい」が上位を占めます。このあたりも転職を希望した理由が、そのまま再就職先に求める条件として挙がっています。
つまり、不満があった労働条件を変えたくて整備士以外の職業に

図表 20　自動車整備業における求人活動の現状

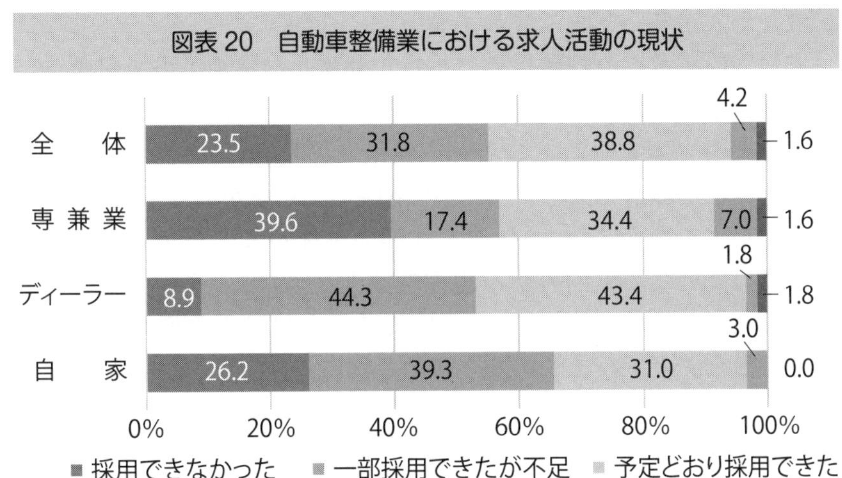

出典：国土交通省「自動車整備士不足の現状と行政の取組」

図表 21　給与・賃金に関する不満理由（専業）

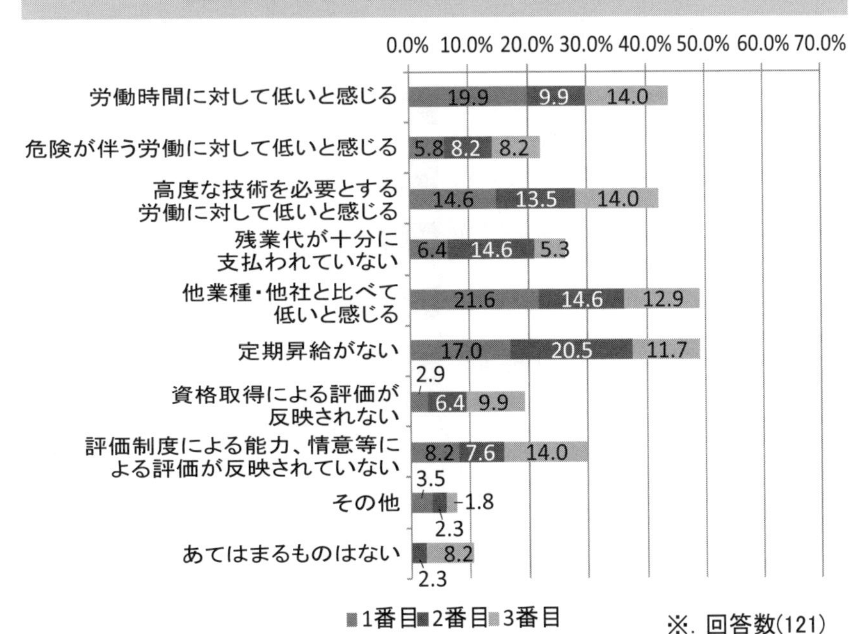

出典：国土交通省「自動車整備人材の確保・育成に関する検討会報告書」

転職した人が多いと読み取れます。

また、他業種への転職以外に、長年勤務した整備工場を退職し、別の整備工場に転職するケースもあります。同業他社への転職を決断した理由を調査したアンケート結果（図表24）によれば、他業種に転職した理由と同様、「賃金の条件がよくなかった」「労働時間の条件がよくなかった」「休日・休暇の条件がよくなかった」が上位を占めています（回答した現役整備士2,169名のうち、転職経験のある人が592名（27％）。その中で前職が自動車整備業である人が約7割を占めています。残りの約3割については、他業種から整備業へ転職した方のため、アンケート結果はおおよその目安としてご覧ください）。

図表22　自動車整備業から転職（離職）を希望した理由（男性）

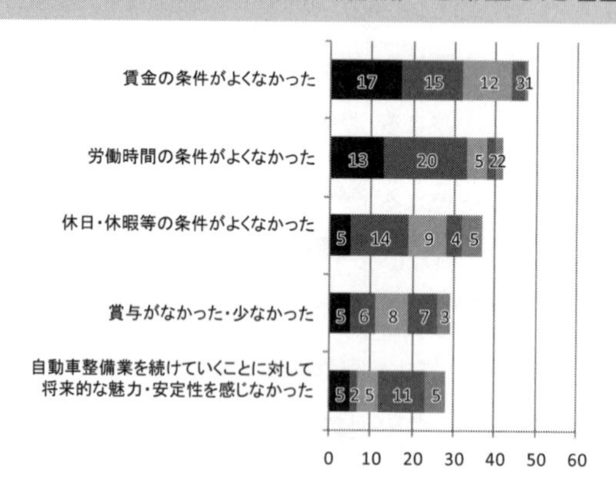

出典：国土交通省「自動車整備人材の確保・育成に関する検討会報告書」

図表 23　自動車整備業から転職する際に求めた労働環境や優遇（男性）

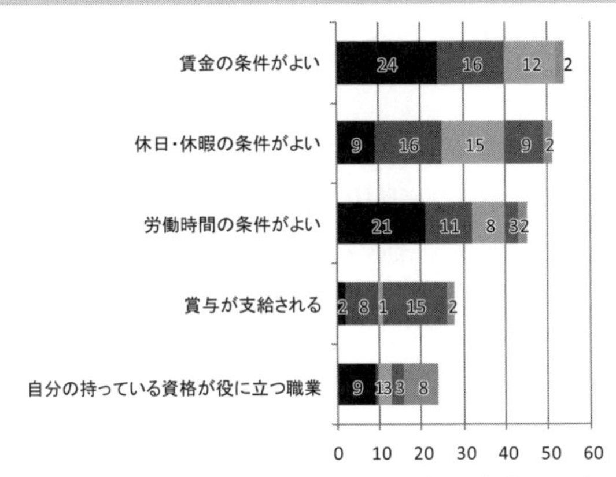

出典：国土交通省「自動車整備人材の確保・育成に関する検討会報告書」

図表 24　転職した理由（専業）

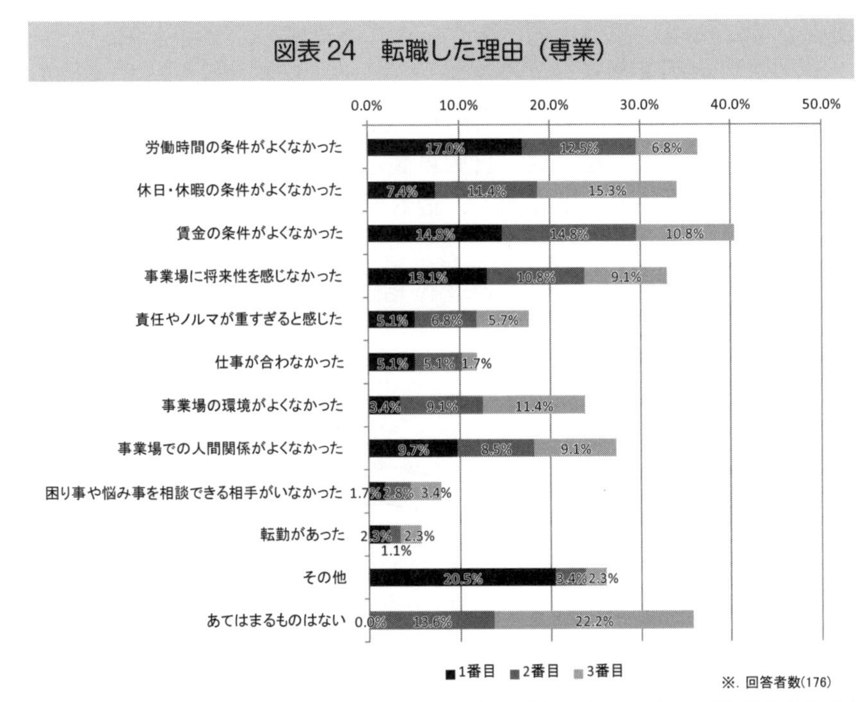

出典：国土交通省「自動車整備人材の確保・育成に関する検討会報告書」

(2)　整備士の賃金は他業種よりも低い？

転職先に求める条件として最も多く挙がっていた「賃金」。それほど不満を感じる整備士の給与は、どの程度の水準なのでしょうか。

厚生労働省の「平成28年賃金構造基本統計調査」によると、整備士の毎月の給与は約29万円（時間外手当含む）で、年収は約418万円となっています。他の業種と比べると、「機械修理工よりは低いが、介護員や販売店員よりは高い」という水準です（図表25）。

さらに、整備士の1カ月の平均的な給与について他業種と比較した表をご覧ください（図表26）。整備士の給与は、ディーラー、“専業・兼業・自家”（以下、「ディーラー以外」という）ともに20～25万円の割合がもっとも高く、35万円以上はディーラーで約21％、ディーラー以外で約7％となっています。

整備業以外の8業種は、全業種で15万円未満の割合が10％以上と整備士よりも高く、20万円未満の割合も高くなっています。35万円以上の割合は、建設業、自動車製造業、その他製造業、電気・ガスなどがディーラーより高く、最も低いのがディーラー以外の約

図表25　分野別年間総支給額（他業種比較）

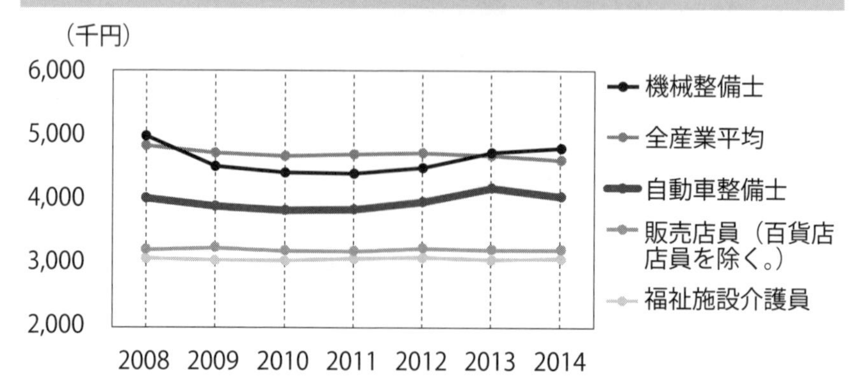

出典：国土交通省「自動車整備士不足の現状と行政の取組」

7％です。

ここから、整備業は低所得層は少ないが高所得層も少ないのが特徴と言えるでしょう。言い換えると、若いうちは賃金にさほど不満を感じないが、ベテランになり家族を持って生活費がかさむようになると、不満を感じるようになって転職するということなのかもし

図表26　１カ月の平均的な給与

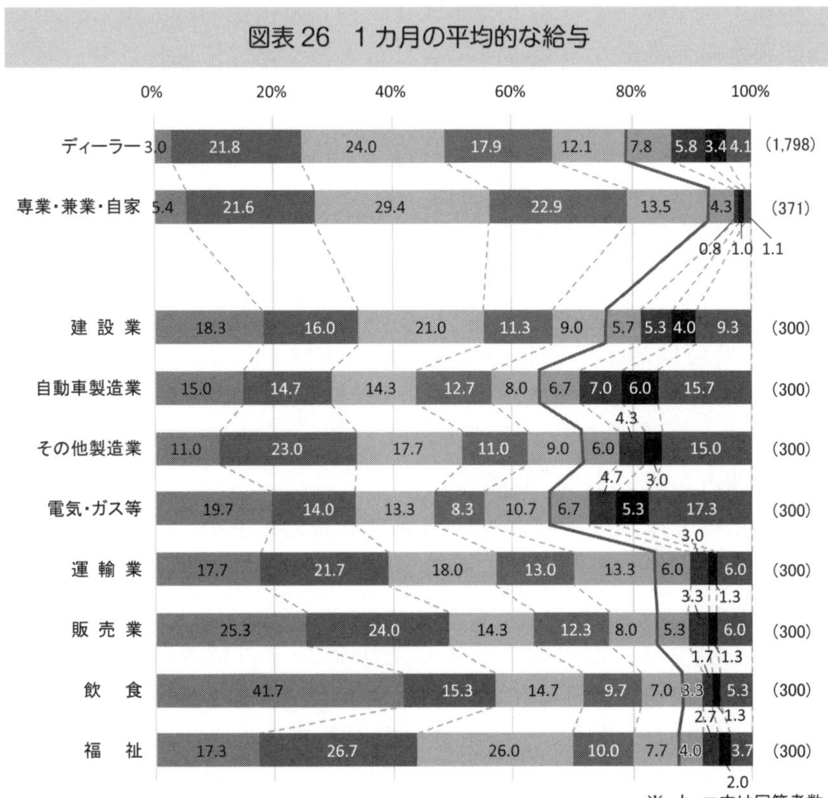

※．グラフ中の太い区分線は、厚生労働省「平成 26 年賃金構造基本統計調査」の“きまって支給する現金給与額の企業規模計（10 人以上）男女計学歴計の平均値（329.6 千円）”よりも上の給与ランクとの区切りを示している。

出典：国土交通省「自動車整備人材の確保・育成に関する検討会報告書」

れません。図表22でも、40〜50代のベテラン整備士が賃金に対する不満から他業種へ転職していることが表れています。整備士の確保・定着には賃金の改善が求められていると言えるでしょう。

しかしながら、会社側の改善が困難な理由として、「売上が十分でない」という意見が最も多いようです。事業を経営する上で、売上の確保・維持・増加は避けられない永遠の課題です。

現場の声を吸い上げるトヨタ式「改善」を積極的に活用し、小さな改善から先進的な取組みまでを日常業務や経営に反映させ、業務を効率化して生産性を向上させ、売上増加につながればと考えます。

(3) 残業の多さも整備士不足につながっている

賃金に次いで不満の声、転職理由として多かったのが「労働時間」です。整備士の残業は本当に多いのでしょうか。

残業20時間以上の割合を他8業種と比較すると、ディーラーが約50%と最も高く、またディーラー以外も約36%と高くなっています。さらに「〜40時間未満」および「〜60時間未満」の割合も上位を独占しています（図表27）。

これだけでも残業時間が長い業種だと言えますが、さらに気になる点があります。それは、このアンケートが「通常期」に限定していること。

整備工場では、毎年新車が多く売れる2〜3月に連動して、最も車検入庫が増加する「繁忙期」となります。筆者もディーラーに勤務していた頃は、毎日22時頃まで車検整備を中心に仕事をしていました。とりわけディーラーにおいては、この「繁忙期」はことさら忙しくなります。このような事情も考慮すると、整備士の実際の労働時間はさらに長いと言えるかもしれません。

そんな労働時間に対する現場の整備士の不満は他の8業種と比べて高く、「やや不満である」「不満である」の割合がディーラーで約57%、ディーラー以外が約47%と続いています（図表28）。

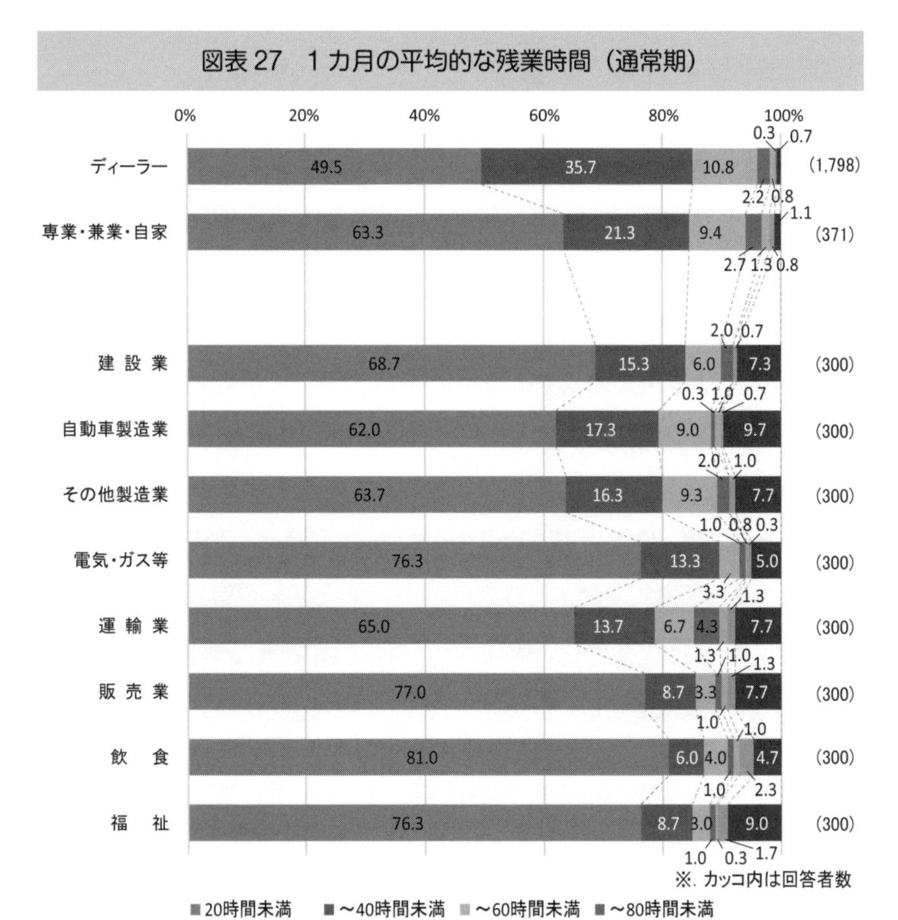

図表27　1カ月の平均的な残業時間（通常期）

出典：国土交通省「自動車整備人材の確保・育成に関する検討会報告書」

　このように不満が多い理由は、賃金の額も影響しています。先ほど「整備業は低所得層は少ないが、高所得層も少ないのが特徴」とお伝えしましたが、労働時間で比較すると、整備士は機械修理工と同程度で全産業平均を上回っています（**図表29**）。一方、**図表25**で整備士よりも賃金水準が低かった介護員や販売店員の労働時間は、平均と同程度かそれよりも短くなっています。つまり、整備士

図表28　労働時間に関する満足度

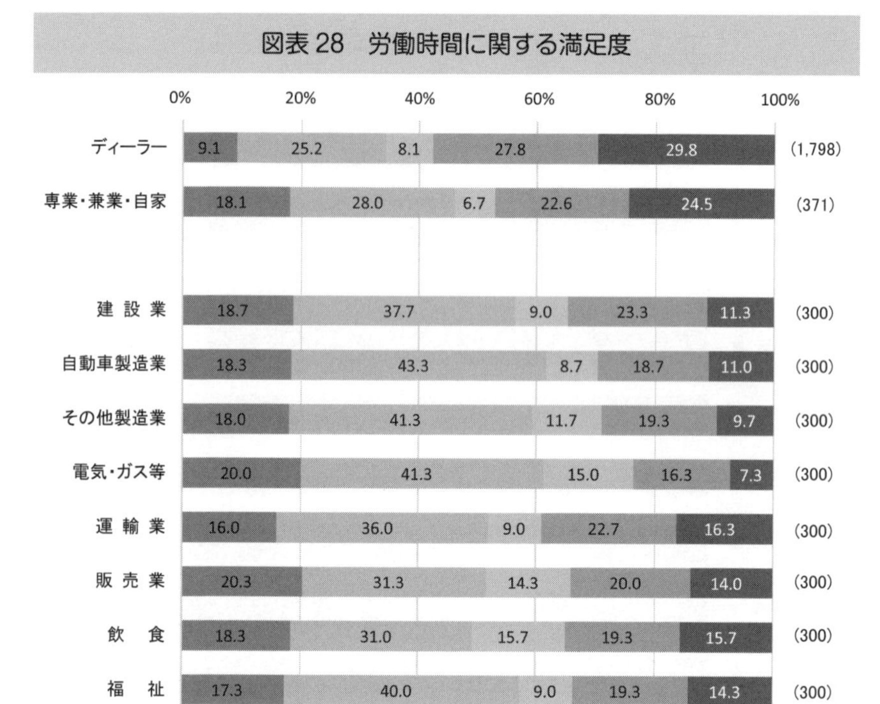

出典：国土交通省「自動車整備人材の確保・育成に関する検討会報告書」

は「機械修理工と同様の長時間労働で賃金は低く、介護員や販売店員より賃金は高いが労働時間はもっと長い」、そんな労働環境であることがわかります。

整備士は国家資格です。知識と経験がなければ務まらない仕事です。業務上、「きつい、汚い、危険」といった職場環境や多少の時間外労働はやむを得ないかもしれませんが、現場の意見を代弁すれば、「せめて賃金はもう少し欲しい」、というのが本音ではないでしょうか。とりわけ若年層においては、そのような意見が顕著だと感じます。

図表 29　分野別年間総労働時間数（他業種比較）

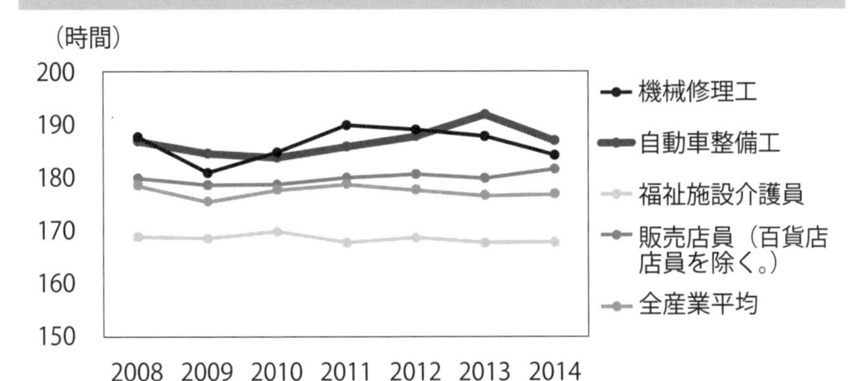

出典：国土交通省「自動車整備士不足の現状と行政の取組」

(4)　整備士の休日は本当に少ないのか？

整備士の休日はどの程度なのかも見てみましょう（**図表 30**）。

「〜8 日未満」の割合で比べると、ディーラーでは約 41％、ディーラー以外は約 80％と最も高くなっています。また、業界的に休みが少ないといわれる飲食業や建設業も目立つものの、前者は経営的な課題があり、また後者は基本的に残業がありません。そう考えると整備士の休日は少ないと言えるのかもしれません。

休日・休暇に関する満足度も見てみると（**図表 31**）、「不満である」「やや不満である」の割合は、ディーラーが約 52％、ディーラー以外が約 57％に上り、他 8 業種と比較しても際立っているのがわかります。

さらに、「不満がある理由」を見てみると（**図表 32**）、「土日祝日が出勤である」「希望する日に休暇が取りにくい」という回答が上位を占めています。前者は、ディーラーで 6 割以上を占めます。後者についても、ディーラーおよびディーラー以外ともに 6 割近くを占めます。

一般的にディーラーの定休日は月曜日であることが多く、仮に土

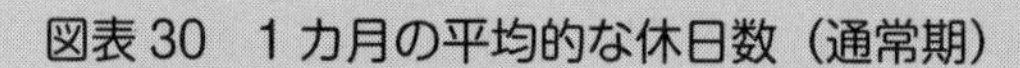

図表30　1カ月の平均的な休日数（通常期）

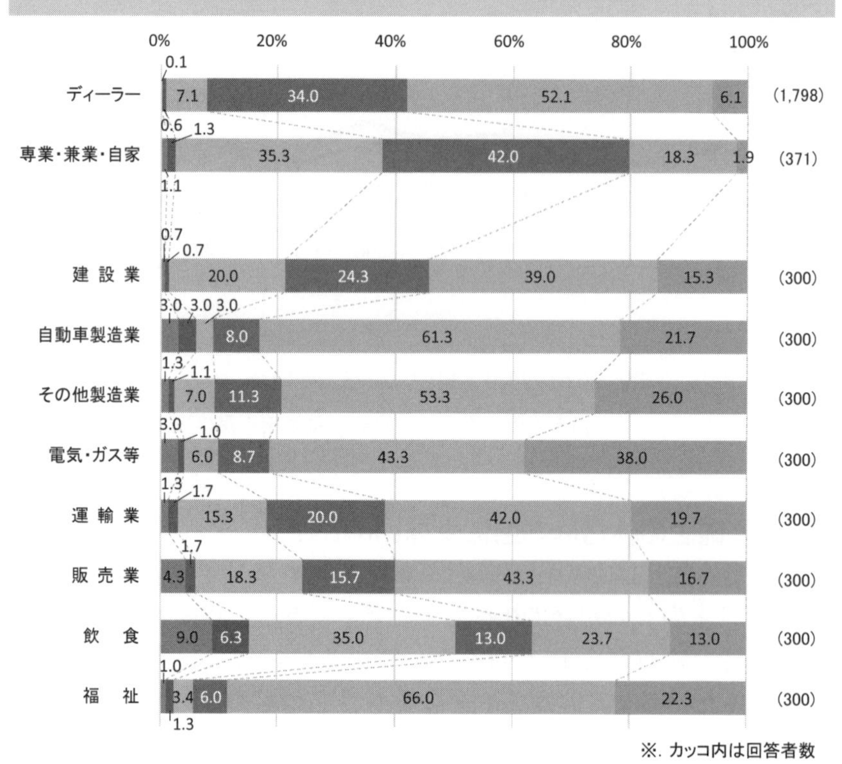

出典：国土交通省「自動車整備人材の確保・育成に関する検討会報告書」

日に子どもの行事等があっても、休みが取りにくい雰囲気なのかもしれませんが、通常、「週末たまに休む」、「年に数回希望休を取る」、その程度なら業務にさほど影響はないと考えられます。しかしながら、休みを取りにくい雰囲気があるため現場の希望が経営者に伝わっておらず、不満理由として挙がっているのかもしれません。

近年、仕事だけでなく生活も大事にしたいという労働者が増加し

図表31　休日・休暇に関する満足度

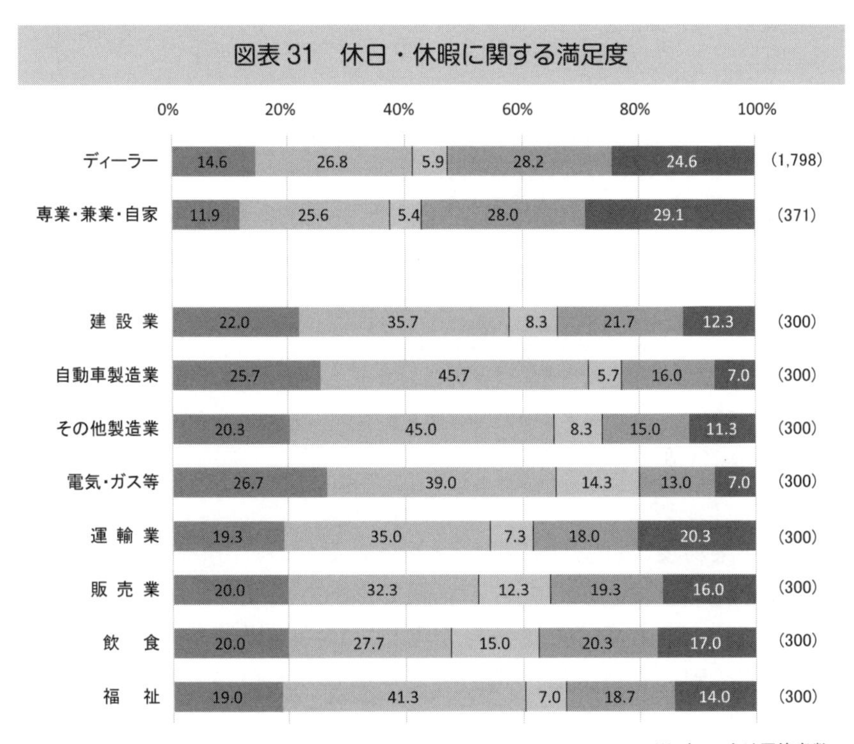

出典：国土交通省「自動車整備人材の確保・育成に関する検討会報告書」

ている状況を鑑みると、従業員の要望を把握した上で、会社として可能なことは実践していくべきではないかと感じます。

その対応策として考えられるのがシフト制ですが、実際に導入しているのはディーラー約25%、ディーラー以外で約12%と低く、理由として「人数的に対応できない」という回答が最も多くなっています。

(5)　賃金・労働時間・休日以外に問題はないか？

転職理由には、「事業場に将来性を感じなかった」という理由も多く挙げられていました（図表24）。民間工場では、工場によって

図表 32　休日・休暇に関して不満がある理由

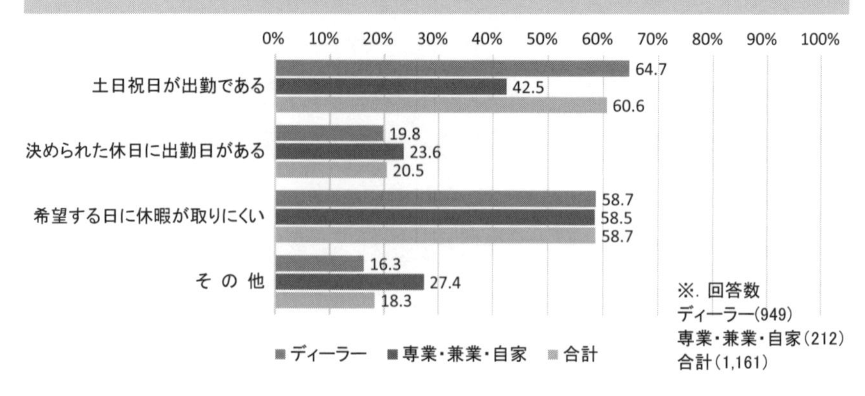

出典：国土交通省「自動車整備人材の確保・育成に関する検討会報告書」

設備や作業環境、経営面にバラつきがあるため、「事業場の将来性」に疑問を抱く整備士がいても不思議ではありません。ですが、建物も立派でリフトも多く、設備も充実している工場が多いディーラーにおいて、別の資料では民間工場より多くの人が将来性を転職理由に挙げていました。その理由を、次の資料も合わせて推測してみたいと思います。

筆者は、「自動車整備関係従業員を続けていく上で重視するもの」という質問に対し、「給与・賃金が仕事に見合っている」「仕事と生活の調和」に次いで「満足のいく仕事ができる環境」が上がっていることに注目しています（図表 33）。ディーラーでも 14.2%の整備士がこのことを重視すると答えているのです。もしかしたら、このあたりは通例となっている「営業部門への異動」を意味しているのかもしれません。

いずれにしても、詳しい理由は事業場によって異なるでしょう。働く上で何を重要視しているのか、日々労働者とコミュニケーションをとり、把握しておく必要があると考えます。

図表 33　自動車整備関係従業員を続けていく上で最も重視するもの

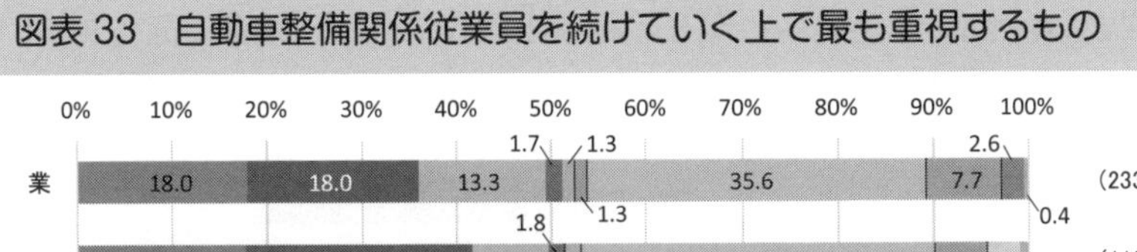

出典：国土交通省「自動車整備人材の確保・育成に関する検討会報告書」

(6)　働きやすさ（作業環境）も重要視されている？

労働環境における問題点を探るため、転職者が整備業と現在の職業を比較してどこに良さを感じているかも見てみましょう。

一般的に、労働者が仕事をする上で重要視するのは「給与」「労働時間」「休日」である割合が高く、業種を問わず転職の理由にもなり得ますから、これらが挙がっているのは当然と言えるでしょう。

筆者は、ここでそれ以外の理由が上位に入っていることに注目しています（図表 34）。3 位の「職場での働きやすさ（職場の作業環境）」、4 位の「仕事に対するやりがい」です。件数も 49 件と多く、もしかしたら工場で車両相手に作業をする整備士特有のものかもしれません。

実は、ハード面、ソフト面も含め、「不満である」「やや不満である」と感じている整備士の割合が、ディーラーでは約 46%、ディー

図表34　自動車整備業と現在の職業の比較（現在の職業のほうがよい・男性

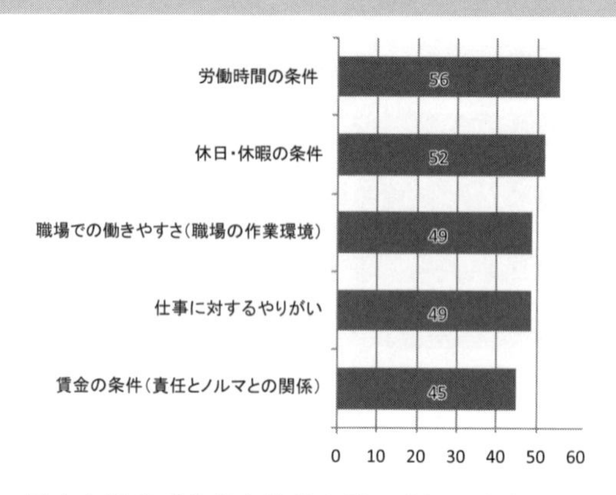

出典：国土交通省「自動車整備人材の確保・育成に関する検討会報告書」

ラー以外では約60％にも上っています。その理由は、「事業場の環境（設備）が古い」「社員同士のコミュニケーションがとりにくい」「福利厚生が充実していない」等となっています（図表35）。

そこで、次にこれらの不満への対応を考えてみます。

①「事業場の環境（設備）が古い」

「事業場の環境（設備）が古い」は、整備に関する設備よりも「照明・空調等」に関する不満が多いようです。

しかし、会社としては「大がかりな設備投資は困難」という回答が多くを占めます。そこで、実務的な対処方法を考えてみます。

個々が使用する作業ライトを１人に１台割り当てる、大型扇風機や飲料サーバーの設置、カイロやインナーウェアの支給など、比較的取り組みやすいものから始めても相応の効果はあるでしょう。

この場合、暗い、暑い、寒いといった環境の改善が目的なのですが、多くの従業員は「自分達のことをきちんと考えてくれている」と感じるでしょう。賃金や労働時間も大事ですが、それらと同等、むしろそれ以上にこのような取組みは従業員満足度を生むと思います。

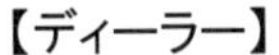

図表 35　働きやすさに関して不満がある理由

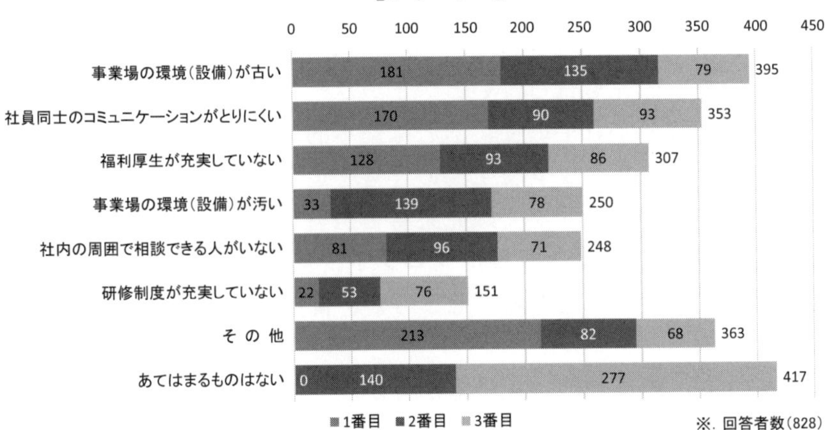

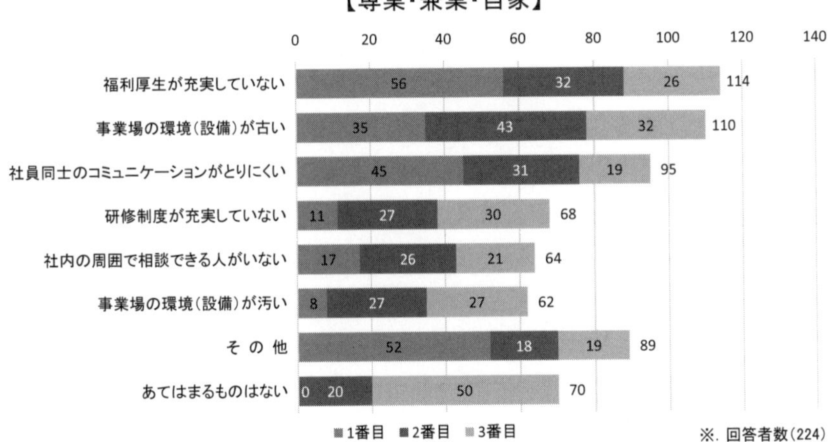

出典：国土交通省「自動車整備人材の確保・育成に関する検討会報告書」

② 社員同士のコミュニケーションがとりにくい

詳しくは触れられていませんが、おそらく「整備士間」(工場内)と「整備士と営業スタッフ等の間」のそれぞれに問題が生じていると推測します。

まずは、「整備士間」のコミュニケーション問題を考えます。

そもそも、販売も行っているディーラー等では大きく整備部門と販売部門とに分かれていて、前者は基本的に工場長、整備士、整備フロント、事務スタッフで工場の運営を担い、後者は支店長、営業スタッフ、事務スタッフで販売業務を担当します。中には工場長兼整備フロント、整備士兼整備フロント、支店長兼営業スタッフなど、兼務するケースもあるでしょうが、部門を超えての兼務はありません。

このうち、整備部門は担当職が分かれているため、コミュニケーションがとりにくい環境にあるのかもしれません(筆者がディーラーに勤務していた当時はそのように感じたことはありませんが)。

工場内で「社員同士のコミュニケーションがとりにくい」と感じているのであれば、大きな問題です。整備士間のやりとりが希薄だと、知識の習得や技術の向上が妨げられ、生産性にも大きく影響します。また、整備フロントとの連絡に不備があると、ユーザーが希望する整備もままならないかもしれません。従業員の退職や生産性の低下、ユーザーからのクレームが顕著となる前に、会社を挙げて取り組む必要があると考えます。

次に、「整備士と営業スタッフ等の間」のコミュニケーション問題ですが、実を言うと、これは筆者も感じていたことです。整備部門と販売部門では仕事内容が大きく異なるため、特にディーラーにおいては日常的にコミュニケーションをとるのは難しいと感じます。

それでも整備士が不満に感じているのなら、定期的にコミュニケーションを図れる場を設けるなど、実情に即した対応策が必要でしょう。

③　福利厚生が充実していない

福利厚生は範囲が広いですが、小規模な事業所で「住宅手当や家賃補助」「社員食堂や昼食補助」「体育・余暇施設」など経費負担が大き過ぎるものは現実的ではありません。有効なのは、まず「従業員の要望を聞く」こと。

意外と整備士特有の、さほど費用がかからないものがあるのです。例えば、次のようなものが挙げられます。

・軍手の無制限支給
・作業着の追加支給やクリーニングの有無
・カイロやインナーウェアの支給などの簡易的な暑さ・寒さ対策
・マイカー購入時・整備時の割引制度
・残業で遅くなった時の食事　　　　　　　　　　　　　など

導入のポイントは、その事業場に合った福利厚生を採り入れることです。しっかり話し合って費用対効果の高いものを探ってみてはいかがでしょうか。

(7)　女性整備士が働きやすい環境とは？

整備士と言えばとかく男性をイメージする方が多いと思いますが、少ないながら女性も現場で活躍しています。女性を雇用している割合は、ディーラーで約27%、ディーラー以外で約22%（図表36)。イメージより多いという印象を受けます。

また「採用に関する意向」を見ると、女性採用に積極的な意向を示しているディーラーは約78%と高く、従業員は約41%です。ディーラー以外では約46%、従業員では約52%です（図表37)。これにはどのような理由があるのでしょうか。

事業者側の理由を考えると、ディーラーについては「将来的な可能性も踏まえ女性を採用したい」、ディーラー以外については「体力的な面、結婚後の就労、施設面の不備等を考えるとちょっと難しい」、そんな意見が多くあると予測されます。一方、従業員側は、整備士のおよそ２人に１人以上が女性整備士を希望しています。あ

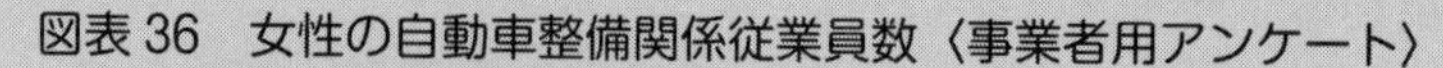

図表 36　女性の自動車整備関係従業員数〈事業者用アンケート〉

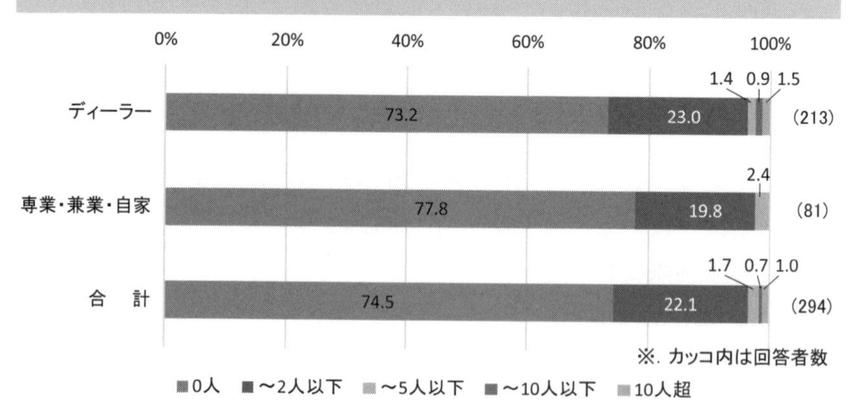

出典：国土交通省「自動車整備人材の確保・育成に関する検討会報告書」

くまで推測ですが、小規模な工場では整備士がフロントとしてユーザーとやり取りするケースが多く、この接客を女性整備士に担当してもらいたい、あるいは高齢の男性整備士が多いため、女性整備士が入ることにより活気が出るなどの理由からかもしれません。ディーラーとディーラー以外で割合が逆転するのは、こうした規模の違いからくるものと考えられます。

とはいえ、女性整備士採用には、一定のハードルがあるのも事実です（図表 38）。そもそも応募が極端に少ないからです。さらには、「身体的・体力的な面で難しい」などが挙げられます。

それでも、採用できる機会があればぜひ前向きに検討してほしいと筆者は感じています。

なぜなら、女性ならではの細かな気遣いは整備面においても非常に参考になるし、接客能力も高いケースが多いからです。「接客は女性スタッフに担当してもらいたい」と感じている女性ユーザーも多いのではないでしょうか。

さらには、男性ばかりの職場に女性が入ると新しい風が流れ、良い意味でモチベーションの向上につながると考えます。

図表 37　女性採用に関する意向

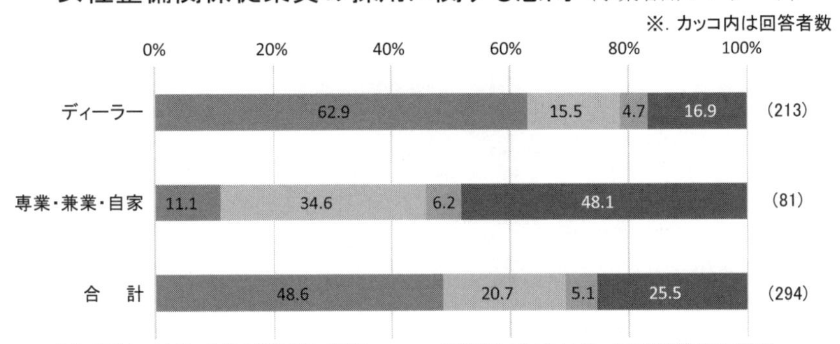

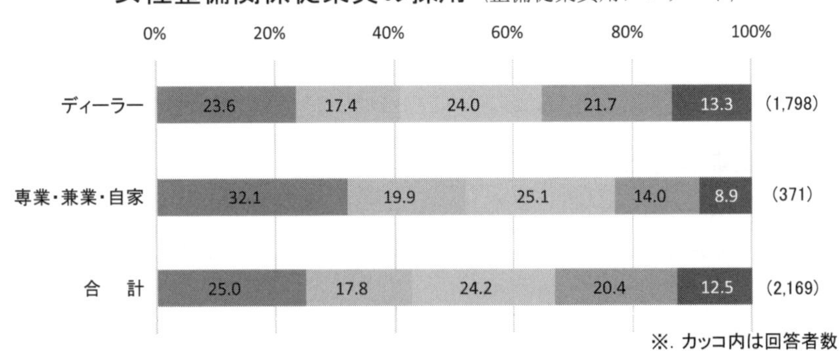

出典：国土交通省「自動車整備人材の確保・育成に関する検討会報告書」

図表38　女性採用に関する課題

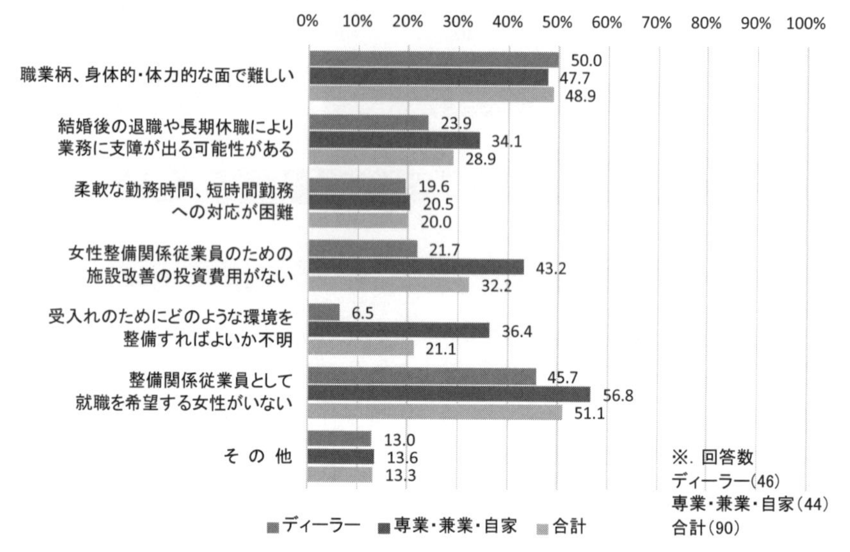

出典：国土交通省「自動車整備人材の確保・育成に関する検討会報告書」

(8)　労働環境改善の先進事例

今後、今以上に整備士が不足し、長時間労働を助長すると予測される中、待遇改善に力を入れ整備士確保に取り組む会社も見受けられます。

次に、そうした先進事例を、国土交通省の「自動車整備人材の確保・育成に関する検討会報告書」から紹介します。

①　給与面、労働時間面、職場環境面の改善（秋田トヨタ自動車株式会社）

残業についてマネージャーの意識改革を行い、１日１時間程度に抑え、なるべく定時で帰り、余暇の充実を図るようにしている。有給休暇取得向上も強化し、年間休日 96 日、有給休暇は勤続年数に応じて最大 20 日、個人休暇４日を付与し、子どもの行事に参加させるためにも、有給休暇を取得させるようにしている。労働時間を削減しても、生産性の低下は見られず、無駄が是正されたと考えている。

②　営業時間延長に対応するための整備勤務シフト制（東京日野自動車株式会社）

従来は、営業時間が９時～17 時で、場合によっては 4～5 時間残業して 21 時～22 時まで勤務、退社時間は業務の状況次第でわからないという状況であった。現在では、支店ごとに担当市場の特性に応じて、勤務時間のシフト制を行っている。代表事例としては、７時～23 時の営業時間を取る 7-11 シフトで、7～15 時・9～17 時・16～23 時の３交代制で各々2 時間以内の残業を目標にしており、7～15 時のシフト勤務では２時間の残業が発生しても 17 時には終業できる。

③　職場環境整備（横浜トヨペット株式会社）

夏は暑く、冬は寒い職場環境で働くエンジニアに対し、夏場には飲料水やミネラル補給品を支給。また、冬場には寒さ対策や手荒れ防止にインナーウェア、ハンドクリームなどを会社から支給している。

④ 社員の悩みを聞く「社員相談グループ」を設置（東京トヨペット株式会社）

ES活動の一環として「社員の味方」となる「社員相談グループ」という部署を設置し、店舗を巡回しながら社員の不安、不満、コミュニケーション不足やハラスメントの声を集め、問題解決を行うことを行っている。

⑤ 自主性重視の目標設定とプロセス管理（トヨタカローラ新大坂株式会社）

社長自身が店舗ごとに全スタッフと夜の飲みの場を活用した交流からコミュニケーションを図りながら、会社の大きな方向性についての考え方や浸透度を直接把握し、理解促進に努めている。また、会社の高生産性のために、社員全員が積極的にアイディアを出せる風土を作り、出された社員のアイディア、意見の有効活用やノウハウの共有を図っている。

⑥ 女性整備士も工場長になることができる（東京トヨペット株式会社）

女性整備士は現在８名在籍しており、そのうち１名がエンジニアリーダーである。また、２名は育児休業を取得している。同社では過去に女性の工場長も誕生している。整備士や工場長も、お客様との付き合いが多い職種であり、女性ならではのきめ細やかな対応が顧客満足につながっている。

Ⅳ 整備士の新規雇用ルートを探る

1　外国人整備士の現状

(1)　どのような受入れルートがあるのか

近年、外国人労働者が急増しています（図表39）。2017年10月時点で約128万人。理由は割愛しますが、全国的な人手不足から受入れ拡大も決定し、さらに増えることが予測されます。

整備業でも、若い整備士が減少する中で、外国人整備士が注目されています。実際に働いている割合としては全体の1～2％ほどですが、法改正による外国人材の増加に連動し、今後はさらに増えると考えられます。

それでは、外国人整備士を採用するルートにどのようなものがあるのか見てみましょう。

①　整備専門学校を卒業した留学生

年々、整備専門学校に入学する留学生は増加傾向にあります。筆者の学生時代には留学生は1人もいませんでしたが、日本政府が2008年に発表した「留学生30万人計画」が背景にあると考えられます。「日本語は大丈夫なの？」と思われがちですが、入学には一定の日本語能力が求められるため、日本語学校を卒業した上で入学する留学生も多いそうです。日本の高い整備技術と知識を考えると、今後も専門学校に入学する留学生は増えていくのではないでしょうか。

このような留学生、一時は企業側が敬遠していたとも聞きますが、現在は積極的に採用しているケースが増えてきています。中には毎年留学生を10人以上採用し、整備士全体の1割を超えている積極的な企業もあるようです。

図表39　在留資格別にみた外国人労働者数の推移

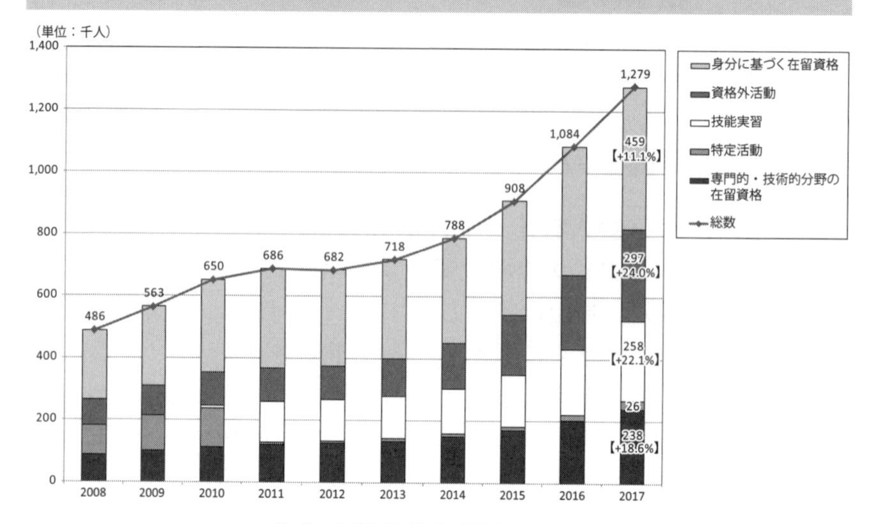

出典：厚生労働省「“外国人雇用状況”の届出状況まとめ」

一般財団法人職業教育・キャリア教育財団がまとめた「専門学校における留学生受け入れ実態に関する調査研究報告書—平成27年度—」には、留学生の就職事例について専門学校にヒアリングした結果が、次のように紹介されています。

〈自動車・機械関連〉

○　四輪販売会社（サービスマン）、卒業後、日本で就職希望の留学生は、本人の努力次第もありますが、100%日本で就職をしています

○　本校で自動車整備士（国家資格）を取得し、各ディーラー、専業工場へ就職している

○　動向：日本語のレベルが低いと就職できないと理解している者が多く、日本語の勉強も並行的に行うことで就職につながった。時期的には日本人学生が終了してから留学生の活動が始まる傾向にある。職種も以前は大きくぶれがあったが、最近は機械設計に絞って

考える学生が多くなった
○　自動車整備：最近留学生を受け入れる自動車ディーラーが増えている傾向にある
○　板金塗装科・自動車整備科：自動車整備工（輸入車ディーラー、専業工場）
○　自動車整備科：自動車整備関係に２名とも就職。非漢字圏からの入学生の日本語能力の欠如が問題、異文化へのとけ込みが必要
○　自動車販売会社の整備職
○　技術ビザを取得して、自動車整備士として働いています
○　工業専門課程自動車整備科：自動車整備士として就職。自動車整備士として就職することが殆ど
○　今年度卒業した留学生は自動車整備学科（２年課程）を卒業し、就職内定者はほとんど自動車整備関連企業へ就職しています

ただ、留学生は規模の大きなディーラー等を希望する傾向にあるようです。求人企業側も研修体制等が整ったディーラーなどが多く見られるため、小規模な民間工場が留学生を採用するには、何かしらの工夫が必要になるかもしれません。

②　外国人技能実習制度

2016 年 4 月、途上国の自動車保有台数の増加に伴い、日本の優れた整備技術を母国の発展に活かすという目的で、外国人技能実習制度の対象職種に自動車整備が追加されました。

受入期間は最長で「5 年」。2 年目以降の在留資格を得るには、技能実習評価試験に合格しなければなりません。また留学生と異なり、日本での居住期間が少ない状況で実習をスタートするため、会社側としても、言葉の問題、衣食住の手配、日常生活のフォロー、指導時間など相当な負担を要します。整備士として一通りの仕事を覚えるまで数年かかることを考えると、普及には疑問の声もありました。

図表 40　技能実習生に修得等させる自動車整備作業

（目標）Ⅰ…内容を理解する　Ⅱ…作業を経験する　Ⅲ…自分の判断で実施できる

資　格	自動車点検整備作業			自動車分解整備作業			故障診断作業		
	Ⅰ	Ⅱ	Ⅲ	Ⅰ	Ⅱ	Ⅲ	Ⅰ	Ⅱ	Ⅲ
第一号技能実習生（入国から１年目）	○	○	△	△					
第二号技能実習生（入国から２〜３年目）	○	○	○	○	○	△			
第三号技能実習生（入国から４〜５年目）	○	○	○	○	○	○	○	○	△

出典：国土交通省外国人技能実習制度自動車整備事業協議会「自動車整備技能実習ガイドライン」

ところが、盛岡市の日産プリンス岩手販売が2017年4月にベトナム人の男性（30歳）を受け入れるなどが現れてきました。岩手日報によると、5月から社員寮に住みながら簡単な整備業務を行っているようです。ベトナムで8年間自動車整備の仕事に携わり、現地で4カ月日本語を学んだという男性の経験と意欲を考慮すると、日本の若い整備士よりも早く戦力になるかもしれません。

また、さいたま市の秀和自動車興業でもフィリピンからの外国人技能実習生を積極的に受け入れていて、2018年7月現在、4人を受け入れているそうです。

留学生採用と外国人技能実習制度のどちらがいいとは言えませんが、後者には5年という期間制限があること、毎月監理会社や居住費の負担があること、このような違いがあることは確かです。

(2)　外国人整備士雇用のメリットと課題

外国人整備士を雇用するメリットは、やはり人材不足の解消でしょう。もう１つは、2019 年４月からの出入国管理及び難民認定法（入管法）改正により、外国人労働者の受入れ拡大がなされるため、外国人ユーザーが自動車を購入する、車検・修理を依頼するといったケースも増えることが考えられます。さらに、中国人は中国人同士、ベトナム人はベトナム人同士といった、母国人同士でコミュニティを形成しているケースが多いと聞きます。このコミュニティの仲間を新しいお客さんとして連れて来るケースも十分に考えられます。

ネックとされる意思の疎通も、外国人整備士を雇用していれば対応可能です。整備士として一人前に働きながら、さらには外国人ユーザーの対応もでき、そしてお客さんまで連れてくる……。もしかしたら日本人以上に活躍してくれるかもしれません。

(3)　積極的に「言葉」を覚える機会を設ける

課題として考えられるのは、やはり「言葉」です。通常、外国人が日本語を覚えるときは会話から始めて、ある程度慣れてから「読み書き」を勉強します。日本語学校を卒業した留学生と技能実習で来日した技能実習生とでは、日本語の習得度合いが異なると思いますが、それでも日常会話から専門用語までを勉強できる機会は与える必要があると考えます。

もう１つ重要なのは、定期的にコミュニケーションを図れる場を設けること。日本人の新入社員でも最初は緊張しているのですから、不慣れな外国人であればなおさらです。とりわけ整備士であれば、作業中はなかなか話しかけにくいもの。

こうした機会を設けることにより、従業員も積極的に質問をしやすくなるし、外国人も疑問点を投げかけかけやすくなります。ある程度日本語を習得した後は、何よりもこのコミュニケーションが重要だと感じます。

また、国によっては、慣習や文化、特性が日本と異なります。これは外国人整備士特有の対応というよりも、従業員に対する研修となります。マニュアル化し、定期的に勉強会を開催することにより、外国人整備士の受入れをスムーズにすることができます。

普段一緒に仕事をしていれば、多くの課題を感じるはずです。大事なのはそれをそのまま放っておくのではなく、1つずつ解消していくこと。この積重ねが会社にとっても大きな財産になることでしょう。

2　意外と知られていない自衛隊退職者の採用

自衛官の大半は53～56歳（任期制は20歳代）で退職し、厳しい訓練で培った責任感や指導力、職務に応じた技術等を第二の職場で活かしています。陸上自衛隊のパンフレットによれば、そのようなスキルが再就職先で高く評価され、97％が「採用してよかった」と答えているようです。

また、自衛隊車両の点検・整備、板金塗装を担当している部隊もあり、3級自動車整備士や機械関係に強い方もいます。民間整備工場でバリバリ経験を積んだ方と同じように、とはいかないかもしれませんが、一定の能力を有しているのはかなり心強いでしょう。

50歳代半ばという年齢がネックにならない会社であれば、見逃せない採用ルートだと感じています。

ただし、民間会社と自衛隊では異なる点が多くあります。自衛隊では指揮命令が徹底されていたので、自己判断能力が多少劣るという声を聞くこともあります。

退職自衛官の再就職支援を担当する援護課では、民間就職のポイントを事前の研修等で説明しているようですが、双方誤解のないようしっかりとした面接を行うことが重要でしょう。詳細を知りたい方は、各都道府県の自衛隊地方協力本部の援護課まで問い合わせてみてはいかがでしょうか。

3　60 歳以上の経験者の積極雇用

まずは60歳以上の方を雇用している割合をご覧ください（図表41）。ディーラーでは１割程度ですが、ディーラー以外は50％近くにも上っていることがわかります。

ディーラーは通常、一定年齢に達した整備士を営業職や管理職に異動させる慣習があります。おそらく工場の人件費抑制を考えてのことだと思いますが、それが大きな差を生じている理由と考えられます。

一方、ディーラー以外については、営業職が存在しない、専属の管理職も必要ない、といった理由から、退職するまで整備職に従事するケースが多いようです。

このような状況を踏まえると、民間工場が60歳以上の整備士を新たに雇用する可能性は十分あるでしょう。営業職に異動となったので退職した、定年後再雇用で給与が激減したので辞めたなどがよく聞かれますが、豊富な経験は即戦力になり得るし、ケースによっては「特定求職者雇用開発助成金」の対象にもなります（助成金の

図表 41　60 歳以上の自動車整備関係従業員数〈事業者用アンケート〉

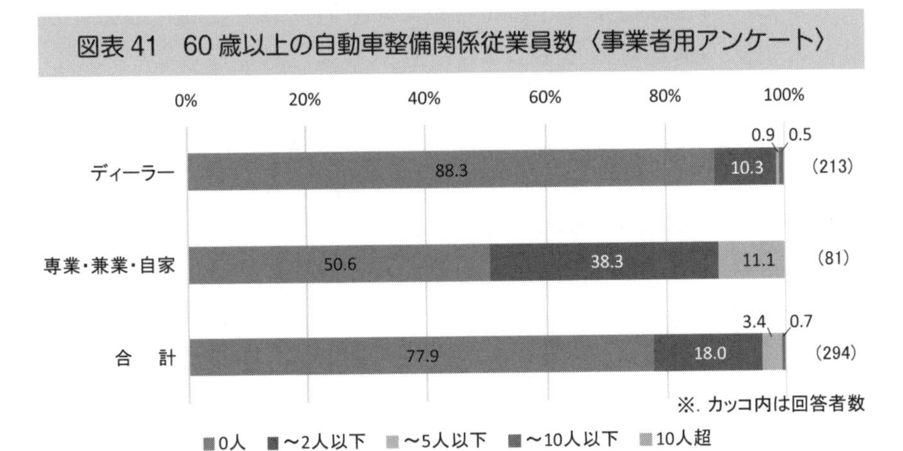

出典：国土交通省「自動車整備人材の確保・育成に関する検討会報告書」

詳細は後述)。

筆者の感覚としては、健康である限りなるべく長く働きたいというケースが多いと感じています。60歳以上整備士を積極的に雇用する民間工場が、今後は増えてくると思います。

4 入社後の資格取得を支援する

筆者がディーラーに勤務していた当時、採用されるのは専門学校を卒業した二級自動車整備士がメインでしたが、割合は少ないものの高等学校の自動車科を卒業した三級整備士もいました。

それが現在、整備士不足が影響しているのか、民間工場を中心に整備士の資格を持たない未経験者を採用するケースが増加しています。実際、整備工場等で働いている方を対象とした一般社団法人日本自動車整備振興会連合会の二種養成講習の受講者は増えているようです。

働きながら勉強して資格取得を目指す努力は素晴らしいこと。本人が希望するなら、協力を惜しまないと考えている会社も多いのかも知れません。

しかし、講習は約4カ月にわたって110時間ほど受講する必要があり、一定の講習料も発生します。注意しなければならないのは、勤務時間中に講習を受けた場合の給与の扱いをどうするのか、講習料はどちらが負担するのか、取得後すぐに退職した際、講習料はどうなるのかといった点をあらかじめ決めておくこと。

なかなか難しい部分もありますが、後々トラブルにならないよう会社の希望を専門家に相談し、しっかりと就業規則等に定めることが重要となります。

5　自社のホームページに求人専用ページを作成する

近年、自社のホームページで求人専用ページを立ち上げる企業が増えています。従来の学校やハローワーク、求人チラシ、知合いからの紹介といった採用ルートだけでは弱いと感じ、独自に従業員募集を積極的に発信する動きですが、インターネットで仕事を探す人も増えているので、一定の効果を上げているようです。

また、ハローワーク等で求人情報を見つけた場合でも、そのまま応募するのではなく、そこがどのような会社なのかインターネットで調べる方も少なくありません。たしかにハローワークで扱っている求人情報は限定されているため、何十年も働く会社をもっとよく知りたいと感じるのは、必然と言えるでしょう。

求職者の立場からは、その会社で働いている従業員の生きた声を労働条件と同じくらい重要視して情報を収集するようです。

自社ホームページの求人専用ページには、従業員の写真やどのような仕事をしているのか、やりがいについてどう感じているのかといった、ハローワークでは提供されない情報も掲載し、より詳しく自社のことを求職者に知ってもらえるようにするとよいでしょう。

整備士に限らず、とりわけ事業拡大を視野にいれている会社においては、このような独自の取組みも必要と感じています。

V　売上アップのカギは「信頼」

1　ディーラーはなぜ選ばれるのか

本章の冒頭で一般的なクルマ屋さんの職種および業務の流れを紹介しました。販売のみの会社、整備のみの会社、板金・塗装のみの会社など様々ですが、売上は、自動車の整備や修理、車検のほか、中古車販売により構成されます。

特に、中古車販売はその後の整備、修理、車検といったアフターマーケットにもつながることから、ここで売上を伸ばすことは会社全体の売上アップのためにも重要です。

しかしながら、一般的なユーザーが中古車の購入先として選ぶのはディーラーが最も多く（2015年）、次いで中古車専業店となっています（図表42）。理由は、知名度や規模による「信頼感」だと筆者は思っています。通常、ディーラーといえば新車、中古車といえば中古車専業店をイメージする方が多いと思いますが、ディーラーの信頼感は中古車販売にも強く影響しているようです。購入からアフターまで根強い支持を得ているディーラー。この点を踏まえ、中古車専業店や修理工場においては、自社がユーザーから同程度以上の信頼を得るために必要な取組みについて考える必要があります。

2　ユーザーは「信頼」を重要視している

ユーザーの中古車に対するイメージは図表43のとおりです。価格面でメリットを感じる方が多い一方、「状態の良い中古車を自分ひとりで選ぶ自信がない」という方も多くいます。特に、女性および20歳〜30歳代のユーザーは全体より5ポイント以上高くなっています。

図表 42　直近で購入した中古車の購入先
（1 年以内に中古車を購入した人／単一回答）

（ ）内はサンプル数（補正後）	中古車専業店	メーカー系販売店（ディーラー）中古車	自動車修理工場	メーカー系販売店（ディーラー）新車	友人・知人から（個人売買）	インターネットの中古車販売	インターネットオークション	カー用品店の中古車販売	その他
2017 年（1,478）	34.2	31.4	11.3	9.0	8.0	2.2	1.5	1.5	0.9
2016 年（1,530）	32.2	31.5	11.4	10.3	7.1	2.6	1.6	1.7	1.4
2015 年（1,373）	32.0	34.0	11.7	7.1	7.7	2.0	1.9	2.1	1.5

出典：カーセンサー「中古車購入実態調査 2017」

状態の良い自動車選び以外にも、諸経費、下取り車価格、オートローンなど自動車購入時のポイントはいくつかありますが、お店により様々です。信頼のおけるお店から購入したいと感じるのも当然のことと思います。

また、購入前に調べたこととして、「販売員の礼儀正しさ、親しみやすさ」と回答している人が「中古車に保証が付いていること」や「販売店の規模」より割合が高くなっていることからも（図表44）、信頼という点がいかに大事なのかがわかります。

ここから、自社の従業員がユーザーから信頼を得るためのポイントが読み取れます。

図表 43　中古車のイメージ〈二次調査〉（1 年以内に中古車を購入した人および購入を検討した人 / それぞれ単一回答）

太字は特に高い項目　　（　）内はサンプル数（補正後）

	性別		年齢別				
	男性 (2,555)	女性 (1,598)	20 歳代 (998)	30 歳代 (980)	40 歳代 (894)	50 歳代 (851)	60 歳代 (430)
中古車は少ない予算でも買えるので魅力的だ	78.4	82.3	80.1	81.0	79.9	79.5	77.7
安全性に問題がなければ中古車で十分だ	69.7	74.7	74.7	73.5	69.2	67.3	74.1
中古車は同じ予算で上のグレードのクルマが買えるので魅力的だ	69.3	66.6	68.4	69.8	69.9	65.8	66.1
中古車でも新車でも利用目的に合えばどちらでもよい	62.6	67.3	63.6	65.8	65.2	63.3	63.6
中古車は新車よりも気軽に買える	60.4	64.7	**67.8**	59.8	58.6	60.7	63.8
状態の良い中古車を自分 1 人で選ぶ自信がない	42.3	**71.0**	**59.7**	**59.4**	50.5	49.1	38.8
中古車は新車よりもメンテナンス代などがかかりそう	44.6	50.9	**53.7**	**53.0**	43.6	40.1	38.3
中古車は前に乗っていた人がわからないので不安だ	42.3	**52.7**	49.1	50.7	45.4	43.2	38.1
中古車なら多少の汚れや傷をつけてしまっても気にならない	41.8	44.9	**48.2**	47.4	39.6	37.4	39.0
中古車の中には、走行距離メーターの巻き戻しや、事故車（修復車）がたくさんある	34.0	40.5	41.5	41.2	36.4	31.6	24.4
中古車は汚い、傷がついている	35.5	37.6	**44.7**	**43.4**	30.9	30.8	23.1
中古車は不安だ	32.6	37.6	39.5	38.9	35.3	28.4	24.0
中古車に手を加えて乗ることは楽しい	**41.2**	22.9	39.1	33.5	35.9	32.5	24.0
中古車は故障が多い	29.6	32.6	**38.5**	35.5	28.7	24.5	18.5
中古車は個性的なクルマが多い	34.3	23.3	**39.0**	32.0	27.5	25.1	20.3
中古車は品質が悪い	18.8	19.1	**27.9**	21.7	16.4	12.8	9.0

（構成比：%）

出典：カーセンサー「中古車購入実態調査 2017」

図表 44　購入する店舗やクルマを決定した段階で調べたこと

（単位：%）

項　目	全体	男性	女性
・納車の時期	37.0	30.6	46.5
・販売員の礼儀正しさ・親しみやすさ	27.2	22.8	33.6
・検討している中古車に対する販売員の知識	26.4	22.8	31.7
・販売員が自分や家族の生活に合った自動車を提案してくれること	24.3	19.4	31.5
・販売店で実施しているキャンペーンやフェア、特典	23.9	19.9	29.7
・販売されている中古車に保証が付いていること	23.8	20.2	29.0
・販売店についてのユーザー評価	21.7	19.5	25.1
・販売店の所在地、立地	21.6	19.9	24.2
・販売店の規模	21.3	18.8	25.0
・販売店のブランド・歴史	20.8	18.3	24.5
・販売店の外観、入りやすさ、雰囲気	20.1	17.5	24.0

出典：カーセンサー「中古車購入実態調査 2015」

3　ユーザーとの信頼関係を築くコツ

(1)　購入時の諸経費を明確にする

自動車購入にあたり、車両本体の費用のほかにかかる諸経費の中身をしっかり理解しているユーザーの割合はかなり低いと、筆者は感じています。それは、項目が多い上に店舗によって金額や名称が異なる部分があるからです。

最近は広告掲載時から諸経費を明記しているクルマ屋さんが増えていますが、そうでないケースもまだ多く見られます。購入する立場からは、広告を見た時から資金計画を含めてじっくり検討できるほうが望ましいでしょう。筆者の経験上、「利益の少ない自動車は諸経費で確保する」といったお店側の事情もよくわかりますが、それはそれできちんと明記することによって、ユーザーとの信頼関係が生まれ、アフター依頼や数年後の再購入などにつながるのではないでしょうか。

(2) ローンの選択肢を増やす

購入資金を用意する際に強い味方になるのがオートローンです。

利用者の多くは、販売店が扱っている信販会社のオートローンから選んでいると聞きます。たしかに、購入店で申込みができ、必要書類もそれほど多くなく、審査も比較的厳しくないので、ユーザーにとって非常に便利です。また、信販会社から販売店に代理店手数料が入ってくるという、販売店にとっての利点もあります。

しかしながら、筆者はユーザーのためを考えオートローンの選択肢を増やしてほしいと言いたいです。

理由は、オートローンの金利の高さにあります。6〜8%の金利が多いと聞きます。仮に6%としても、100万円借りた場合の1年間の金利手数料は6万円。月5,000円の金利負担となります。最終的に支払総額が膨らむのは致し方ありませんが、よく知らずに利用しているケースが意外と多いようです。

一方、銀行などが用意しているマイカーローンの金利は2%前後です。比較的審査が厳しい、銀行とのやりとりが必要など、オートローンの便利さそのままとはいきませんが、100万円借りた場合の金利手数料は2万円。クレジットより少ない負担で済みます。

ローンを組む方の中には、銀行のマイカーローンを知らなかった、あるいは選択肢になかったというケースが少なくありません。このような方がマイカーローンの存在を知っていれば、そちらを利用していたかもしれません。それぞれにメリット・デメリットがありますが、それはユーザーが判断すればよいことです。

今の「利益」を取るか、先の「信頼感」を取るかは悩ましい問題です。現状では前者を選択する販売店が多いと感じますが、長期的な視点で考えて後者を選択するケースが増えてきても何ら不思議ではありません。

第６章で紹介する「ネッツトヨタ南国」の経営方針を参考に、ぜひ一度検討してもらいたいと思います。

(3)　車検や定期点検時に必要以上のアピールをしない

「タイヤが減っているので交換したほうがいいですよ」「オイルが汚れているので交換しましょう」「水抜き剤が入っていませんよ」。こうした消耗品交換を勧められた経験のある方は多いでしょう。

中には早急に交換しなければならないケースもあると思いますが、経験上、信用しきれない部分もあると感じています（あくまで私見です。指摘どおりの場合もありますので、早急な判断は禁物です）。

筆者としては、ユーザーのためというより利益優先という営業姿勢が透けて見え、信頼関係を築くどころか、「もうあそこには行きたくない」、そんな気持ちになってもおかしくないと考えています。

自動車に詳しくないユーザーのためというなら、むしろ「タイヤが減っていると思うのですが、交換したほうがいいですか？」と聞かれたときに「まだ溝はありますから半年くらいは大丈夫ですよ」と伝えながらスリップサインの見方を教えてあげる、といった対応をすべきです。

第６章で紹介している中古タイヤ専門店「アップライジング」では、こうした正直な経営姿勢が評判を呼び、結果としてユーザーからの信頼を得ているようです。

目先の利益も必要ですが、それ以上に大事なものは何なのか、今一度考えてみてはいかがでしょうか。

(4)　車検や修理のときは丁寧な説明を心掛ける

①　顧客離れが起こるのはどんなとき？

車検や修理といったアフター依頼も、ユーザーから信頼を得られるタイミングです。わかりやすい説明や明確で適切な費用請求を心掛けることで、ユーザーの信頼感はさらに増します。反面、いいかげんな修理対応や不適切な請求を行うと、ユーザーは離れていきます。参考までに筆者のトラブル体験を紹介します。

10年以上前のことですが、マイカーのバッテリーが上がりかけていたので知合いの民間工場経営者に依頼しました。走行距離が10万km以上だったこともあり、バッテリー交換と同時にオルタネーター（充発電機）の点検も依頼しました。

修理から数日後、スターターが回らずエンジンがかからないので「オルタネーターはチェックしました？」と聞くと、簡易な点検しかしていないという。通常、バッテリーが上がったときはオルタネーターも点検するのがセオリーです。ところが知らなかったようで、謝罪の一言すらありませんでした。

もう1つは、数年後にまたエンジンのかかりが弱くなりカー用品量販店でバッテリーを交換してもらった時のことです。修理から数日後、なぜかスターターの回りが悪く、オルタネーターは以前交換したのに、と首をかしげながらバッテリーを見てみると、プラス端子のビスが締まっていませんでした。単純な締忘れ。考えられないミスです。

当然ながら、現在この2店舗とは付合いがありません。民間工場の技術力に不信感を持ち、ディーラーに依頼することになりました。

②　プロの技術をアピールして信頼を得る

まずは、当たり前の整備技術を身に付け、確実な修理や点検を行うこと。そして、自動車に詳しくないユーザーでも理解できるような説明と今後のアドバイスを心掛けることが必要と考えます。ユーザーは、説明を受けることで「そこまでチェックしてくれているのか」といった気持ちになり、信頼感につながります。つまり、プロの技術をアピールする必要があるのです。

一般的に、車検や修理にかかる費用は民間工場よりディーラーのほうが高いといわれています。それでもディーラーに依頼するユーザーが多いのは、「確かな技術」という安心感からではないでしょうか。民間工場でも高い技術を持った整備士は数多く存在しますが、そこが見えにくいのです。

ユーザーの信頼を得ながら売上を伸ばすために必要なのは、「整備費用が安い」「割引がある」「代車が無料」「ティッシュプレゼント」といったサービス合戦に参戦することではありません。ディーラーに負けない高い技術力をアピールし、ユーザーに納得してもらいながら適正な料金をもらうことです。

そのためには、整備士が苦手としている細かなサービスポイントにも配慮しましょう。例えば、「車検が終わった後にハンドルがベタベタしていないか」「フロントガラスの内窓に拭きムラがあり、依頼前より見えにくくなっていないか」、などです。

こういった取組みを継続することにより、ユーザーの信頼は少しずつ増すのではないでしょうか。結果、会社の利益が上がれば従業員の待遇改善にもつながります。

値引きやプレゼントを売りにしている会社は、ぜひ一度検討してみてはいかがでしょうか。

Ⅵ　おすすめの助成金・給付金

1　60歳以上労働者がいるなら「65歳超雇用推進助成金」

定年を60歳から65歳に引き上げた場合など、一定の基準を満たした場合に支給される「65歳超雇用推進助成金」。高齢の整備士が多数在籍している整備工場では、見逃せない助成金です。

若い整備士を確保できず、60歳の定年を過ぎても労働条件を変えずにそのまま雇用しているケースも多いので、65歳までの定年引上げ、66歳までの継続雇用制度という受給要件もさほど深刻なデメリットとは考えられません。

2016年10月のスタート当初から助成額が減少し、最も多い60歳から65歳への定年引上げでも100万円が15万円（2018年4月以降）と、この1年6カ月間でかなりの減額となっていますが、この「15万円」は60歳以上の対象者が1～2名の場合であり、3～9名になれば100万円に増額されます。2名と3名で85万円もの差が生じることに違和感はありますが、対象者が在籍する会社においては一度検討してみてもよいのではないでしょうか。

受給申請には、就業規則等の整備、その作成・見直し等で外部専門家（社会保険労務士等）に費用の支出があることが必要です。

なお、筆者自身の見解では、他の助成金に比べて必要書類等がちょっと細かいという印象を受けています。

2　対象者を採用したら「特定求職者雇用開発助成金」

高年齢者や障害者等の就職が特に困難な方を、ハローワーク等の紹介により継続して雇用する労働者として雇い入れた場合に支給される「特定求職者雇用開発助成金」。

この助成金は、対象者から応募があると、ハローワークから「紹介状」とともに、「特定求職者雇用開発助成金のご案内」として、「その紹介者が助成金の対象となっているので、採用をご検討ください」といったお知らせが届きます。採用後は、「選考結果通知」や「雇用保険被保険者資格取得届」を適正に行えば、数カ月後に労働局から「第１期支給申請書」が郵送されてきます。

60歳以上65歳未満の労働者を採用した場合の支給額は、60万円（短時間労働者は40万円）です（中小企業の場合）。実際は、「30万円×２期」という流れで、１期目は雇用開始から約６カ月経過後に申請し、２期目はさらにその６カ月経過後に申請します。実質１年間で２回支給申請することとなります。

注意点としては、ハローワーク等の紹介により採用すること、原則無期雇用として採用すること、継続２年以上の雇用が確実であること（定年年齢注意）、労働条件通知書や出勤簿・賃金台帳が適切であること、などが挙げられます。

筆者は現在、「60歳以上の整備士」と「障害のある整備士」の支給申請を進めています。障害のある整備士とは、人工透析を受けている方ですが、業務に特段の支障はないと聞いています。

支給額は、重度障害者等で240万円（重度障害者等以外は120万円）です。１期40万円を６期（３年間）にわたり支給申請することとなります。

３　資格取得を支援するなら「専門実践教育訓練給付金」

2014年10月、中長期的なキャリア形成を支援する目的として、「専門実践教育訓練給付金」（以下、「実践訓練給付金」という）が教育訓練給付金に加えられました。

あまり知られていませんが、例えば整備の専門学校に２年間通う場合、「学費の70%が支給される」という充実した内容となっています（さらに昼間通学制の専門実践教育訓練を受講しているなど、一定の要件を満たした人が失業状態にある場合、雇用保険の基本手当日額の80%相当額を支給）。これから資格を取得し、専門の仕事に就きたいと考えている方にとっては、これ以上の支援はありません。会社にとっても、この給付金を活用した資格取得支援制度を設けて若者にアピールしたり、整備士の資格を持たない人を雇い入れた後の資格取得支援により定着を図ったりすることができるというメリットがあります。

支給対象は、厚生労働大臣が指定する専門実践教育訓練講座を修了する見込みで受講している方です。整備学校では、2018年9月現在37講座が指定されています。

また、在職者または離職者で退職日の翌日以降受講開始日までが1年以内の者で、いずれも被保険者期間が2年以上（週20時間以上勤務）でなければならない等の要件があります。

支給額は、原則教育訓練経費の50%（年間上限40万円）です。教育訓練終了後、1年以内に資格を取得し就職したら70%（年間上限56万円）で給付金が再計算され、すでに支給した分との差額が支給されます。

つまり、すでに働いている人の場合、少なくとも学費の50%は給付を受けることができ、資格を取得したらさらに20%（計70%）が支給されるのです。ただし、それぞれ年間上限額が設定されていること、上乗せの20%は資格取得が条件となっていること、この2点は念頭に置いておく必要があるでしょう。

第４章
業界特有の労務管理

I 労働時間

1　1年単位の変形労働時間制を採用しているところが多い

クルマ屋さんでよく採用されているのは、「1年単位の変形労働時間制」（以下、「1年変形」という）です。これは、簡単に説明すると、変形期間を“平均”して週40時間以内に収めればよい制度です。

第3章の**3**（3）でもお伝えしたとおり、整備工場は毎年2～3月が最も車検入庫が増加する「繁忙期」となります。とりわけディーラーにおいては、この「繁忙期」はことさら忙しくなります。季節等によって業務に繁閑差があるため、例えば7月は忙しく週1日しか休日がなかった（計4日）が、8月に盆休みも利用して12日休んで週休2日の週40時間に収める、といった運用をするわけです。

(1)　年末年始、お盆、ゴールデンウィークにまとめて休むことができる

普段は忙しくて週休2日はハードルが高い、と感じるクルマ屋さんも数多くあると思います。その場合、年末年始やお盆、ゴールデンウィークにまとめて休日を取るといいでしょう。毎月の休日を6日前後とする代わりに年末年始などにまとめて14日前後休むのです。そうすれば平均して週40時間に収まり、残業時間は発生しません。

(2)　午前と午後に休憩を設けると年間休日数が大きく変わる

整備の仕事は立ちっぱなしやタイヤ脱着等で体力を使う上、車両

図表45　通常の年の年間休日日数と労働日数・所定労働時間との関係

1日の所定労働時間	休日日数	労働日数	年間所定労働時間
8時間00分	105日	260日	2,080時間00分
7時間30分	87日	278日	2,085時間00分

出典：岩﨑仁弥・森紀男共著日本法令
『5訂版労働時間管理完全実務ハンドブック』264頁

の移動やリフト等の機械操作、ガス溶接など、一歩間違えると業務上災害につながる作業も少なくありません。板金・塗装も同様です。

事故は疲れていると発生しやすくなるため、建設現場のように午前と午後に15分ずつの休憩を設けることをお勧めしています。

作業を中断して休憩するのが煩わしいときもあると思いますが、事故を未然に防ぐ必要性をきちんと説明して、休憩を挟んでもらうことが重要だと感じます。

所定労働時間が8時間の会社でこの休憩を実践すると、7時間30分に短縮される結果、1年変形の年間休日日数、労働日数も大幅に変わります（**図表45**）。その差は年間18日。つまり所定労働時間を「5分」短くするごとに、年間休日数を「3日」少なくすることができるのです。

筆者の経験上、クルマ屋さんにはこの形がベストだと感じています。午前と午後に休憩を入れることで業務上災害を未然に防ぐことができるし、さほど忙しくないお盆や年末年始にまとめて休むことによって、月の労働日数を平均的に確保できるからです。

イメージが沸きやすいように、所定労働時間7時間30分の場合の「年間休日カレンダー」を紹介します（**図表46**）。この例は定休日が日曜日と第2・第4土曜日（4週6休）のケース。ご覧のとおり、お盆や年末年始に5日前後の休日をとることにより、残業時間を発生させずに4週6休の運用が可能となるのです。

図表46　年間休日カレンダー

2018年

株式会社　○○○○

7月

日	月	火	水	木	金	土
1	2	3	4	5	6	7
8	9	10	11	12	13	14
15	16	17	18	19	20	21
22	23	24	25	26	27	28
29	30	31				

8月

日	月	火	水	木	金	土
			1	2	3	4
5	6	7	8	9	10	11
12	13	14	15	16	17	18
19	20	21	22	23	24	25
26	27	28	29	30	31	

9月

日	月	火	水	木	金	土
						1
2	3	4	5	6	7	8
9	10	11	12	13	14	15
16	17	18	19	20	21	22
23	24	25	26	27	28	29
30						

10月

日	月	火	水	木	金	土
	1	2	3	4	5	6
7	8	9	10	11	12	13
14	15	16	17	18	19	20
21	22	23	24	25	26	27
28	29	30	31			

11月

日	月	火	水	木	金	土
				1	2	3
4	5	6	7	8	9	10
11	12	13	14	15	16	17
18	19	20	21	22	23	24
25	26	27	28	29	30	

12月

日	月	火	水	木	金	土
						1
2	3	4	5	6	7	8
9	10	11	12	13	14	15
16	17	18	19	20	21	22
23	24	25	26	27	28	29
30	31					

2019年

1月

日	月	火	水	木	金	土
		1	2	3	4	5
6	7	8	9	10	11	12
13	14	15	16	17	18	19
20	21	22	23	24	25	26
27	28	29	30	31		

2月

日	月	火	水	木	金	土
					1	2
3	4	5	6	7	8	9
10	11	12	13	14	15	16
17	18	19	20	21	22	23
24	25	26	27	28		

3月

日	月	火	水	木	金	土
					1	2
3	4	5	6	7	8	9
10	11	12	13	14	15	16
17	18	19	20	21	22	23
24	25	26	27	28	29	30
31						

4月

日	月	火	水	木	金	土
	1	2	3	4	5	6
7	8	9	10	11	12	13
14	15	16	17	18	19	20
21	22	23	24	25	26	27
28	29	30				

5月

日	月	火	水	木	金	土
			1	2	3	4
5	6	7	8	9	10	11
12	13	14	15	16	17	18
19	20	21	22	23	24	25
26	27	28	29	30	31	

6月

日	月	火	水	木	金	土
						1
2	3	4	5	6	7	8
9	10	11	12	13	14	15
16	17	18	19	20	21	22
23	24	25	26	27	28	29
30						

月	暦日	休日日数	労働日数	労働時間	総労働時間
7月	31	7	24	7:30	180時間 00分
8月	31	10	21	7:30	157時間 30分
9月	30	7	23	7:30	172時間 30分
10月	31	6	25	7:30	187時間 30分
11月	30	6	24	7:30	180時間 00分
12月	31	9	22	7:30	165時間 00分
1月	31	10	21	7:30	157時間 30分
2月	28	6	22	7:30	165時間 00分
3月	31	7	24	7:30	180時間 00分
4月	30	8	22	7:30	165時間 00分
5月	31	11	20	7:30	150時間 00分
6月	30	7	23	7:30	172時間 30分
計	365日	94日	271日		2,032時間 30分

休日

(3)　導入には労使協定が必要

１年変形を採用するには、まず労使協定を締結し、所轄労働基準監督署に届け出なければなりません（図表 47）。この労使協定、労働法全般において頻繁に出てくる用語なのですが、簡単に言うと、「労働者と使用者において合意した文書」といった意味合いになります。

この労使協定に定める内容は次のとおりです。

・対象となる労働者の範囲
・対象期間（1カ月を超え１年以内の期間に限る）および対象期間の起算日
・特定期間（対象期間中の特に業務が繁忙な期間）
・対象期間における労働日および当該労働日ごとの労働時間

また、労使協定を作成する際の主な注意点は次の点です。

・1日の労働時間の上限は 10 時間
・1週の労働時間の上限は 52 時間
・連続労働日数は 6 日
・特定期間の連続労働日数は 12 日
・労働日数の限度は年間 280 日（休日最低 85 日確保）

所轄労働基準監督署に届け出る際は、「1年単位の変形労働時間制に関する協定届」も合わせて提出します（図表 48）。

これから自社で採用したいと考えているなら、所定労働時間を元に年間休日を特定しカレンダー作成から始めることをお勧めいたします。変形労働時間制は、対象期間が長期になればなるほど、運用に関する規制が厳しくなります。つまり、1カ月変形より１年変形の運用のほうが厳しくなるのです。勤務形態が複雑でわかりにくい場合は、専門家である社会保険労務士等に依頼するのもいいでしょう。

図表47　１年単位の変形労働時間制に関する労使協定書

１年単位の変形労働時間制に関する労使協定書

株式会社○○○○と従業員代表○○○○は、１年単位の変形労働時間制に関し、次のとおり協定する。

（勤務時間）

第１条　所定労働時間は、１年単位の変形労働時間制によるものとし、１年を平均して週40時間を超えないものとする。

１日の所定労働時間は７時間30分とし、始業・終業時刻、休憩時間は次のとおりとする。

始業：９時00分　　　　終業：18時00分

休憩：10時30分～10時45分、12時00分～13時00分、
15時00分～15時15分

（起算日）

第２条　変形期間の起算日は、2018年７月１日とする。

（休　日）

第３条　変形期間における休日は、別紙「年間休日カレンダー」のとおりとする。

（時間外手当）

第４条　会社は、第１条に定める所定労働時間を超えて労働させた場合は、時間外手当を支払う。

（対象となる従業員の範囲）

第５条　本協定による変形労働時間制は、次のいずれかに該当する従業員を除き、全従業員に適用する。

（１）18歳未満の年少者

（２）妊娠中又は産後１年を経過しない女性従業員のうち、本制度の適用免除を申し出た者

（３）育児や介護を行う従業員、職業訓練または教育を受ける従業員その他特別の配慮を要する従業員に該当する者のうち、本制度の適用免除を申し出た者

（特定期間）

第６条　特定期間は定めないものとする。

（有効期間）

第７条　本協定の有効期間は、起算日から１年間とする。

2018年６月15日

（使用者）　株式会社○○○○　代表取締役　○○　○○　㊞

（従業員代表）　○○　○○　㊞

図表48　１年単位の変形労働時間制に関する協定届

様式第４号(第12条の４第６項関係)

１年単位の変形労働時間制に関する協定届

事業の種類	事業の名称	事業の所在地（電話番号）	常時使用する労働者数
自動車修理業	株式会社○○○○	○○○○○（○○-○○○○-○○○○）	○名

該当労働者数 (満18歳未満の者)	対象期間及び特定期間 (起算日)	対象期間中の各日及び各週の労働時間並びに所定休日	対象期間中の１週間の平均労働時間数	協定の有効期間
○名 (0名)	１年 (2018年７月１日)	別紙	40時間	2018年７月１日から１年間

労働時間が最も長い日の労働時間数 (満18歳未満の者)	7時間30分 (　時間　分)	労働時間が最も長い週の労働時間数 (満18歳未満の者)	45時間 (　時間　分)	対象期間中の総労働日数	271日

労働時間が48時間を超える週の最長連続週数	0週	対象期間中の最も長い連続労働日数	6日間
対象期間中の労働時間が48時間を超える週数	0週	特定期間中の最も長い連続労働日数	―　日間

旧協定の対象期間	１年	旧協定の労働時間が最も長い日の労働時間数	7時間30分
旧協定の労働時間が最も長い週の労働時間数	45時間	旧協定の対象期間中の総労働日数	278日

協定の成立年月日　2018年６月15日

協定の当事者である労働組合の名称又は労働者の過半数を代表する者の　職名　氏名　○○○○

協定の当事者（労働者の過半数を代表する者の場合）の選出方法（　挙手により選出　）

2018年６月18日

使用者　職名　株式会社○○○○
　　　　氏名　代表取締役　○○　○○

○○　労働基準監督署長　殿

記載心得

1　法第60条第３項第２号の規定に基づき満18歳未満の者に変形労働時間制を適用する場合には、「該当労働者数」、「労働時間が最も長い日の労働時間数」及び「労働時間が最も長い週の労働時間数」の各欄に括弧書きすること。
2　「対象期間及び特定期間」の欄のうち、対象期間については当該変形労働時間制における時間通算の期間の単位を記入し、その起算日を括弧書きすること。
3　「対象期間中の各日及び各週の労働時間並びに所定休日」については、別紙に記載して添付すること。
4　「旧協定」とは、則第12条の４第３項に規定するものであること。

２「定額残業代制」の活用

自動車業界においても、長時間労働の改善に向けて取り組んでいますが、第３章で見たとおり、整備業では他業種に比べて残業時間が長くなっています。さらに小規模な会社では、１人の担当者が労働時間管理、給与計算等の労務管理全般を行っているケースもあります。

こうした会社では、あらかじめ固定された金額を「定額残業代」として支払う「定額残業代制」の導入による事務負担の軽減を考えるのもよいでしょう。

この制度は、１年変形などと異なり法定の制度ではないため、明確な運用基準がありません。会社によって相当バラつきがあり、一定額を支払えばそれ以上残業代を払わずに済み、人件費の増加を抑えることができる制度などといった誤解も目立ち、不適切な運用が続いた結果、労働基準監督署に書類送検されたり労働者から訴訟を起こされたりしたケースも多数見られます。導入にあたっては、慎重な制度設計と従業員に対する丁寧な説明により、労働者の納得が得られた上で導入し、適切に運用することが最も大事なことだと感じています。

(1)　定額部分を上回る残業時間分の割増賃金支払いに注意

定額残業代に相当する残業時間を超えた場合は、当然ながら残業代の追加支給が必要です。

例えば、給与が17万円で月平均所定労働時間が170時間、割増賃金の算定基礎となる額を1,250円（17万円÷170時間×1.25）とします。定額残業代として10時間分相当の12,500円を支給している場合に、15時間残業すると、6,250円（5時間×1,250円）の支払いが追加で必要となります。

(2)　基本給の一部を定額残業代へ変更する場合の注意点

例えば、月給15万円の従業員について、基本給12万円+定額残業代3万円と変更するような場合です。支給額は15万円で変わらないものの、基本給12万円を月の所定労働時間数で割って算出した時間単価が最低賃金を下回っているかもしれません。

最低賃金に抵触しないかは、従業員の所定労働時間と都道府県ごとの最低賃金額から判定することができます。仮に月平均所定労働時間が170時間で最低賃金が750円の場合、12万7,500円が最低ラインとなります（170時間×750円）。

ちなみに、この月平均所定労働時間は下記の計算式で求めます。

（365日－年間休日数）×1日の所定労働時間÷12月

賃金規程を改定して在籍中の従業員に固定残業代制を適用する場合は、支給額だけでなく最低賃金にも十分に注意しましょう。

(3)　導入手続

就業規則を作成している会社であれば、そこに定額残業代制に関する規定を追加する必要があります。従業員数が10人未満で就業規則の作成義務がない会社においても、少なくとも賃金規程は作成する必要があるでしょう。

規定は、例えば次のように定めます。

（定額残業手当）

第○条　定額残業手当は、その全額を第○条に定める時間外・休日・深夜勤務の割増賃金分として支給する。

2　実際の時間外・休日・深夜勤務の労働時間数に基づいて、第○条により算出した割増賃金の額が、定額残業手当を超過した場合は、その超過額を割増賃金として定額残業手当とは別に支給する。

(4)　従業員の同意を得る

(2) のケースで在籍中の従業員に適用する場合、月給15万円が12万円に減額され労働条件の「不利益変更」という問題が生じますので、原則として本人の同意がなければ変更できないこととなります。

ただ、逆に考えれば「本人の同意があれば可能」となります。会社から変更内容について説明を受け、従業員がそれを理解した上で同意していることがわかるような書面でもらうことを心がけましょう（図表49）。

給与明細書の見本も紹介しますので、参考にしてください（図表50）。

図表49 同意書

同　意　書

1　私は、株式会社〇〇代表取締役〇〇氏より、本日、私が勤務する株式会社〇〇の賃金規程が別紙添付のとおり改定されるとの説明を受けました。

2　今回の賃金規程改定により、新しく定額残業手当が導入され、その手当はいわゆる残業代〇〇時間相当の対価として支払われるようになることを了承いたしました。

3　実際の時間外・休日・深夜勤務の労働時間数に基づいて算出したいわゆる残業代が、定額残業手当を超過した場合は、その超過額を定額残業手当とは別に支給されることを了承いたしました。

4　今回の賃金規程の改定により、私の給与がどのように変更になるかは、以下のとおり説明を受け、了承いたしました。

改　定　前	
基 本 給	300,000円
役 職 手 当	50,000円
支 給 額	350,000円

改　定　後	
基 本 給	250,000円
役 職 手 当	50,000円
定額残業手当	50,000円
支 給 額	350,000円

5　賃金規程の改定について、上記のとおり説明を受け、その内容について承諾いたしましたので、本同意書に署名いたします。

〇年　〇月　〇日

株式会社〇〇

代表取締役　〇〇　殿

住所：〇県〇市〇町〇-〇-〇

氏名：〇〇〇〇

図表 50　給与明細書記載例

給与明細書　　○年　○月分　　　　　　　　　　支給日　○年　○月　○日
氏名　　○○○○　　様　　　　　　　　　　　　　株式会社○○

勤　怠		支　給		控　除	
出勤日数	24	基本給	250,000	厚生年金保険	27,450
実働時間	213:00	役職手当	50,000	健康保険料	14,940
残業時間	33:00	定額残業手当	50,000	介護保険料	2,355
深夜時間		残業時間約23時間相当		雇用保険料	1,115
休日出勤時間		(23.16)		所得税	10,380
休日深夜時間		定額残業超過	21,583	住民税	
有給日数		残業10時間相当額			
有給時間		(33時間-23時間)			
欠勤日数		欠勤控除			
遅刻早退回数		遅刻早退控除			
遅刻早退時間					
特別休暇日数					
		合　計	371,583	合　計	56,240

差引支給額
315,343

3　三六協定の締結、届出

労働基準法では、「時間外・休日労働労使協定書」（以下、「三六協定」という）を締結し、労基署に届け出ることを要件として、法定労働時間を超える残業、休日労働を認めています。

経営者の中には、三六協定について、次のような誤解をしている人が見受けられます。

①　うちは残業代をきちんと支給しているから三六協定届を出す必要はないよね？
②　三六協定届は3年前に出したから大丈夫だよね？

まず①ですが、「残業をさせる」と、「残業代を支給する」は別問題です。三六協定は、「残業等をさせてもいいか」という点について労働者から同意をもらうものであって、「残業は一切ない」会社以外は提出する必要があります。

なお、厚生労働省の「平成25年労働時間等総合実態調査」によると、約1万1,000社のうちおよそ半数が協定を結んでおらず、その理由として、「時間外労働・休日労働に関する労使協定の存在を知らなかった」という回答が3割超ありました。

このような状況を踏まえ、同省では働き方改革の一環として「協定締結の有無」等を記載した調査票を企業に送付し、回答によっては監督指導する予定もあると聞きます。

次に②ですが、三六協定の有効期間は、長くても1年です。つまり、少なくとも1年ごとに届け出る必要があります。三六協定は、協定を結んだだけで有効になるわけではなく、“届出”が効力発生要件となっており、万が一忘れて残業をさせると、労働基準法違反となり罰則が適用されます。忘れずに提出しましょう。

(1)　残業は何時間まで認められる？

残業時間には上限が決められています（図表51）。大事なのは１カ月45時間、１年360時間という部分で、１年変形においては１カ月42時間、１年320時間が上限となっています。

「３月は車検が多いから45時間じゃ済まないよ」。現場からこんな声が聞こえてきそうです。その場合、例えば下記のような文言を三六協定の余白に記載して、上記の残業時間の上限を上回る残業が認められる「特別条項付三六協定」を締結します。

通常の業務量を大幅に超える○○作業等が集中し、特に納期が間に合わないときは、過半数代表者と協議の上、１年間に６回を限度として、１カ月についての延長時間を○○時間まで、１年についての延長時間を○○時間まで延長することができる。なお、１月45時間、１年360時間を超える時間外労働に係る割増賃金率は○○％とする。なお、延長時間については労使ともに短くするように努める。

図表51　残業時間の上限

限度基準３条（別表第１）		限度基準４条（別表第２）	
一般労働者の場合		１年単位の変形労働時間制対象者〈対象期間が３カ月を超える〉	
期間	限度時間	期間	限度時間
１週間	15時間	１週間	14時間
２時間	27時間	２時間	25時間
４週間	43時間	４週間	40時間
１カ月	45時間	１カ月	42時間
２カ月	81時間	２カ月	75時間
３カ月	120時間	３カ月	110時間
１年間	360時間	１年間	320時間

なお、「働き方改革を推進するための関係法律の整備に関する法律」（以下、「働き方改革関連法」という）が2019年4月1日から順次施行されます。これにより、特別条項付三六協定を締結した場合であっても、時間外労働および休日労働を合算した時間数は、年720時間以内、月100時間未満、2～6カ月平均で80時間以内とされるので、注意が必要です（中小企業への時間外労働時間の上限規制の適用は2020年4月1日から）。

また、三六協定届の様式も改正されています（図表52・53）。

図表52　三六協定届の記載例（特別条項）

時間外労働・休日労働に関する協定届

様式第9号の2（第16条第1項関係）

労働保険番号	□□□□□□□□□□□□□□□□□□□□□□（都道府県／所掌／管轄／基幹番号／枝番号／被一括事業場番号）
法人番号	□□□□□□□□□□□□□

事業の種類	事業の名称	事業の所在地（電話番号）	協定の有効期間
金属製品製造業	○○金属工業株式会社　○○工場	（〒○○○-○○○○）○○市○○町1－2－3（電話番号：○○○－○○○○－○○○○）	○○○○年4月1日から1年間

時間外労働		時間外労働をさせる必要のある具体的事由	業務の種類	労働者数（満18歳以上の者）	所定労働時間（1日）（任意）	延長することができる時間数 1日 法定労働時間を超える時間数	1日 所定労働時間を超える時間数（任意）	1箇月（①については45時間まで、②については42時間まで） 法定労働時間を超える時間数	1箇月 所定労働時間を超える時間数（任意）	1年（①については360時間まで、②については320時間まで）起算日（年月日）○○○○年4月1日 法定労働時間を超える時間数	1年 所定労働時間を超える時間数（任意）
	① 下記②に該当しない労働者	受注の集中	設計	10人	7.5時間	3時間	3.5時間	30時間	40時間	250時間	370時間
		臨時の受注、納期変更	機械組立	20人	7.5時間	2時間	2.5時間	15時間	25時間	150時間	270時間
		製品不具合への対応	検査	10人	7.5時間	2時間	2.5時間	15時間	25時間	150時間	270時間
	② 1年単位の変形労働時間制により労働する労働者	月末の決算事務	経理	5人	7.5時間	3時間	3.5時間	20時間	30時間	200時間	320時間
		棚卸	購買	5人	7.5時間	3時間	3.5時間	20時間	30時間	200時間	320時間

休日労働	休日労働をさせる必要のある具体的事由	業務の種類	労働者数（満18歳以上の者）	所定休日（任意）	労働させることができる法定休日の日数	労働させることができる法定休日における始業及び終業の時刻
	受注の集中	設計	10人	土日祝日	1か月に1日	8:30～17:30
	臨時の受注、納期変更	機械組立	20人	土日祝日	1か月に1日	8:30～17:30

上記で定める時間数にかかわらず、時間外労働及び休日労働を合算した時間数は、1箇月について100時間未満でなければならず、かつ2箇月から6箇月までを平均して80時間を超過しないこと。☑
（チェックボックスに要チェック）

出典：厚生労働省ホームページ

図表 53　三六協定届の記載例（特別条項）

時間外労働・休日労働に関する協定届（特別条項）

様式第９号の２（第16条第１項関係）

臨時的に限度時間を超えて労働させることができる場合	業務の種類	労働者数（満18歳以上の者）	1日（任意）		1箇月（時間外労働及び休日労働を合算した時間数。100時間未満に限る。）				1年（時間外労働のみの時間数。720時間以内に限る。）		
									起算日（年月日）	○○○○年4月1日	
			延長することができる時間数		限度時間を超えて労働させることができる回数（6回以内に限る。）	延長することができる時間数及び休日労働の時間数		限度時間を超えた労働に係る割増賃金率	延長することができる時間数		限度時間を超えた労働に係る割増賃金率
			法定労働時間を超える時間数	所定労働時間を超える時間数（任意）		法定労働時間を超える時間数と休日労働の時間数を合算した時間数	所定労働時間を超える時間数と休日労働の時間数を合算した時間数（任意）		法定労働時間を超える時間数	所定労働時間を超える時間数（任意）	
突発的な仕様変更、新システムの導入	設計	10人	6時間	6．5時間	6回	90時間	100時間	35%	700時間	820時間	35%
製品トラブル・大規模なクレームへの対応	検査	20人	6時間	6．5時間	6回	90時間	100時間	35%	600時間	720時間	35%
機械トラブルへの対応	機械組立	10人	6時間	6．5時間	4回	80時間	90時間	35%	500時間	620時間	35%
限度時間を超えて労働させる場合における手続	労働者代表者に対する事前申し入れ										
限度時間を超えて労働させる労働者に対する健康及び福祉を確保するための措置	（該当する番号）①、③、⑩	（具体的内容）対象労働者への医師による面接指導の実施、対象労働者に11時間の勤務間インターバルを設定、職場での時短対策会議の開催									

上記で定める時間数にかかわらず、時間外労働及び休日労働を合算した時間数は、１箇月について100時間未満でなければならず、かつ２箇月から６箇月までを平均して80時間を超過しないこと。☑
（チェックボックスに要チェック）

協定の成立年月日　○○○○ 年　3 月　12 日

協定の当事者である労働組合（事業場の労働者の過半数で組織する労働組合）の名称又は労働者の過半数を代表する者の　職名　検査課主任　氏名　山田花子

協定の当事者（労働者の過半数を代表する者の場合）の選出方法（　投票による選挙　）

○○○○ 年　3 月　15 日

使用者　職名　工場長　氏名　田中太郎　㊞

○ ○　労働基準監督署長殿

出典：厚生労働省ホームページ

(2)　新様式の改正点

新様式は、特別条項付きとそうでない三六協定届とで様式が異なり、特別条項付三六協定届は、限度時間までを定める１枚目（**図表52**）と、特別条項を定めた２枚目があります（**図表53**）。さらに、「限度時間を超えて労働させる労働者に対する健康及び福祉を確保するための措置」を記入する欄が新設されています。

「限度時間を超えて労働させる労働者に対する健康及び福祉を確保するための措置」については、次の①～⑩から該当する番号を選択して、その具体的内容を記載しなければなりません。

① 労働時間が一定時間を超えた労働者に医師による面接指導を実施すること
② 労働基準法37条4項に規定する時刻の間において労働させる回数を1カ月について一定回数以内とすること
③ 終業から始業までに一定時間以上の継続した休息時間を確保すること
④ 労働者の勤務状況およびその健康状態に応じて、代償休日または特別な休暇を付与すること
⑤ 労働者の勤務状況およびその健康状態に応じて、健康診断を実施すること
⑥ 年次有給休暇についてまとまった日数連続して取得することを含めてその取得を促進すること
⑦ 心とからだの健康問題についての相談窓口を設置すること
⑧ 労働者の勤務状況およびその健康状態に配慮し、必要な場合には適切な部署に配置転換をすること
⑨ 必要に応じて、産業医等による助言・指導を受け、または労働者に産業医等による保健指導を受けさせること。
⑩ その他

この健康確保措置の実施は、“過重労働による健康障害を防ぐ”のを目的として、労働政策審議会の報告で指針に規定するのが適当、とされたのを受け、「労働基準法第36条第1項の協定で定める労働時間の延長及び休日の労働について留意すべき事項等に関する指針」の第8条に定められました。

(3) 新様式はいつから使用する？

それでは新様式はいつから使用しなければならないのでしょうか。有効期間を1年と定めた場合、施行日をまたぐ可能性もあります。疑義を生じる部分でもあり、事前に把握しておく必要があるでしょう。

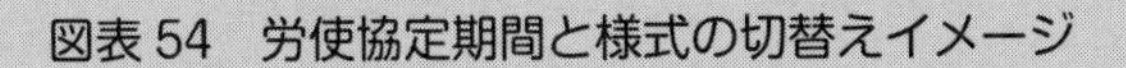

図表54　労使協定期間と様式の切替えイメージ

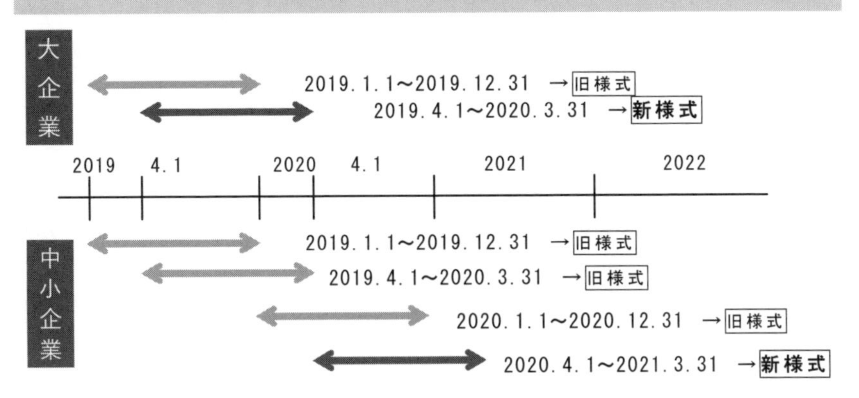

まず中小企業の例で考えると、2020年４月１日以後の期間“のみ”を定めている協定について新様式を使用します。例えば、期間が「2019年10月１日〜2020年９月30日」とする場合は、従来の様式で差し支えなく、「2020年４月１日〜2021年３月31日」のケースでは新様式を使用します（図表54）。

つまり、2020年３月31日が期間に含まれていれば従来様式、2020年４月１日以後の期間“のみ”の場合は新様式です。中小企業以外においては、１年前倒しで考えるといいでしょう。

ただし、平成30年12月28日基発1228第15号で、中小企業が2020年３月31日までの期間の労使協定について新様式で届け出ることは認められており、新様式を用いた届出の場合、新様式のチェックボックスへのチェックは不要とされています。

(4)　過半数代表者選出方法に関する注意点

「過半数代表者」とは、従業員の過半数が加入する労働組合のない事業場における時間外・休日労働協定等の当事者である労働者の過半数を代表する者のことです。選出方法は、挙手・投票といった民主的な方法で決定するのが一般的ですが、全員が揃う機会がなく難しいといった声を聞くことも少なくありません。厚生労働省の資料からも、不適切な方法で選出されているケースがあることがうかがえます（図表55）。

働き方改革関連法で、この選出方法についても次のように厳格化する改正がなされました（下線部分が改正により追加）。

① 法41条2号に規定する監督または管理の地位にある者でないこと

② 法に規定する協定等をする者を選出することを明らかにして実施される投票、挙手等の方法による手続により選出された者であって、使用者の意向に基づき選出されたものでないこと。

そこで、筆者がお勧めするのは、「三六協定を締結する従業員代表に関する同意書」を回覧する手法です（図表56）。先に代表者を

図表55　過半数代表者の選出方法

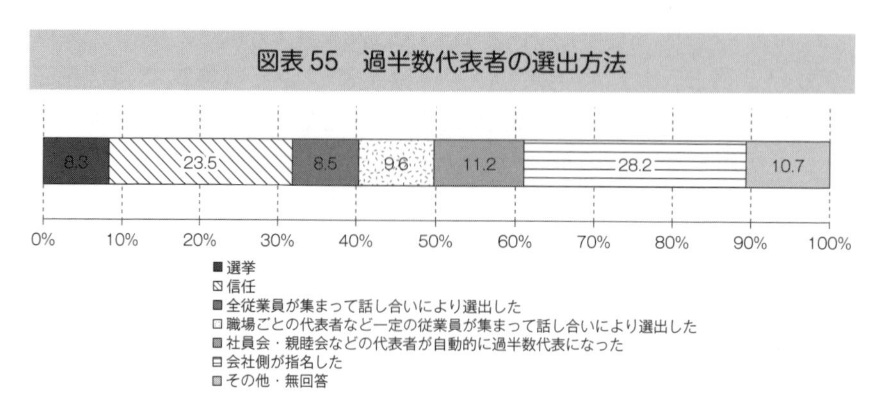

出典：厚生労働省「第6回仕事と生活の調和のための時間外労働規制に関する検討会」配布資料

図表 56　三六協定を締結する従業員代表に関する同意書

三六協定を締結する従業員代表に関する同意書

○○年○○月○○日
株式会社○○○○
担当：○○○○

○○年４月１日から○○年３月31日までの時間外・休日労働に関する労使協定書（三六協定）を締結するにあたり、従業員代表として候補者○○○○氏を選出することにつき、同意される方は署名捺印をお願いいたします。

記

○○○○氏を○○年４月１日から１年間の時間外・休日労働に関する労使協定書（三六協定）を締結する従業員代表に選出することに同意します。

日付	署名	捺印	日付	署名	捺印

決めておき、それに同意する従業員に署名・捺印してもらい過半数労働者の同意があれば、その方を選出します。これだと多少時間がかかっても全従業員の意思を確認することができ、さらには文書として保管することができます。

作成例として挙げた同意書は、「○○年4月1日から1年間の三六協定を締結する従業員代表」と限定しています。一定期間、複数の役割を果たす従業員代表を選出するケースもありますが、選出目的を限定したほうが疑義を招くおそれもなく適切だと言えるでしょう。

なお、管理監督者は過半数代表者として適格ではありませんので、ご注意ください。

Ⅱ 給　与

1　参考になる統計データは？

「給与はいくらぐらいがいいですか？」と、顧問先からよく相談を受けます。実は、これがなかなか難しい。なぜなら、明確な基準というのが存在しないからです。

まず参考になるのが厚生労働省で毎年発表している「賃金構造基本統計調査」。産業別、職種別、都道府県別、年齢別など幅広く網羅しています。ですが、例えば青森市のクルマ屋さんで35歳の自動車販売スタッフを採用する場合、部分的には該当するものの、全項目が当てはまるものではありません。

また、都道府県によっても大きく異なります。そこで、会社を管轄するハローワークで公開している賃金情報を見てみましょう。これには、会社所在地のデータが反映されています。ハローワークごとに統計の仕方が異なりますが、毎月情報が更新されていて、職業別（職業分類表の中分類まで職種別に示しているところもある）のほかに男女別また年齢別に分けられているケースもあります。「中途採用者賃金情報」などの名称で公開しているところもありますので、ホームページ等で確認するとよいでしょう。

2　営業スタッフの目安

平成28年賃金構造基本統計調査によれば「自動車外交販売員」の給与は32.9万円。それに対し東京労働局が公開している「販売の職業」（平成30年1月～3月の中途採用）の給与は25.3万円。

職種の範囲や対象地域が異なるため、7.6万円もの差が生じています。やはり統計はあくまで参考程度にとどめ、地域の実情に合った給与水準を把握する必要があります。
　最も確実なのは、同業他社から収集した情報やハローワークの求人情報でチェックした情報です。地味な方法ではありますが、多くの情報を集めることができ、精度の高い賃金水準を把握できます。
　中途採用者については、本人の能力や経験をどのように反映するかも考える必要があります。経歴換算表があればそれを用いますが、ない場合の目安は、「給与の2倍稼げるか」。例えば、給与が25万円であれば販売利益で50万円をクリアできるか、ということです。
　これは、人件費には、給与のほかに会社負担の社会保険料や事務スタッフの人件費、家賃等として、給与と同じくらいの金額がかかると一般的にいわれていることから来ています。しかし、販売が事業のメインで依存傾向が強い会社であれば、2倍では足りず3〜4倍売らなければ会社に利益が残らないかもしれません。販売には波があり難しい部分もありますが、地域相場をベースにしつつ、過去実績を反映させながら決める方法も、一案と言えるでしょう。

3　整備士・板金・塗装工の目安

　整備士・板金・塗装工（以下、「整備士等」という）も、能力を反映する部分は重要です。仮に給与の2倍の利益を目安とした場合、車検を何台こなせばよいのか、わかりやすく車検台数で考えてみましょう。車検1台当たりの利益を4万円、給与を20万円と仮定すると、少なくとも1カ月に10台こなせる能力があるかどうかが目安となります。板金・塗装工も同様に考えます。
　整備士等は、本人の能力によって作業スピードが大きく異なります。整備士として同じ10年の経験があっても、Aさんであれば2時間で終わる作業にBさんは4時間かかるというケースも少なくありません。
　作業スピードの目安となるのが、一般社団法人日本自動車整備振興会連合会より発行されている「自動車整備標準作業点数表」（以下、「整備点数表」という）です。

請求書に記載されている整備工賃も、「整備点数表」に記載された車種別・作業ごとの時間を参考に作業時間を決定して「レバレート×作業時間」で計算されています。レバレートとは、1時間当たりの工賃のことで会社により5,000～10,000円程度です。なお、板金・塗装の工賃は、「指数対応単価×指数」で算出されます。

重要なのは、「整備点数表」等に記載された時間で実際に作業が終了しているかです。時間内であれば一定の能力を有していると言えますが、常にオーバーしているなら努力の必要があると考えられるでしょう。この点を給与に反映させるのは妥当です。

ベストなのは入社時点に本人から詳しく聞取りをして給与に反映させることですが、難しいようなら昇給・賞与に反映させるのも一案でしょう。

4　総務・経理の目安

東京労働局が公開している「職業別 中途採用者採用時賃金情報」（平成30年1月～3月の中途採用）では、「事務的職業」の給与は31.4万円。この金額は全年齢を集計した値ですが、5歳ごとの年齢別でも採用時賃金が記載されているため、こちらは目安として有効であると言えます。

難しいのは、やはり知識や作業効率、接客能力といった人によって異なる部分をどういう基準で給与に反映させるかです。シンプルな経歴換算表を作成し、それに則って決定するのが比較的良いのではないでしょうか。

書式は問わず、経営者の考えを書面に落とし込むといったイメージで作成してもらえると、シンプルで使いやすいものが完成すると思います。

Ⅲ　自動車小売業に適用される「特定」最低賃金

地域別最低賃金（以下、「地域最賃」という）は広く知られていますが、地域最賃よりも高くする必要があると認められた場合に決定される「特定（産業別）最低賃金」（以下、「特定最賃」という）をご存知でしょうか。金額は当然のことながら、対象となる産業も都道府県によって異なります。

自動車小売業については、筆者が住む青森県や宮城県、埼玉県、神奈川県、大阪府、広島県などが対象となり、地域最賃より数十円高く設定されています（2019年1月現在）。

青森県を例に挙げると、地域最賃が762円に対し自動車小売業の特定最賃は838円で、その差は76円です。労働者にとっては喜ばしいことですが、その分会社の負担になります。

ただ、自動車小売業で働く労働者すべてに適用されるかというとそうでもなく、適用が除外されるケースもあるのです。

(1)　18歳未満または65歳以上の労働者
(2)　雇入れ後3月未満であって技能実習中の労働者
(3)　清掃、片付け、洗車または賄いの業務を主として従事する労働者

つまり、入社後間もない研修中の方や、納車時の清掃・洗車業務がメインの方には適用されず、地域最賃が適用されるのです。

自動車整備業が特定最賃の対象となっているのは、山形県のみです。理由は定かではありませんが、うっかり地域最賃としないよう注意する必要があるでしょう。

なお、特定最賃については都道府県によって異なる部分が見られます。詳細を知りたい場合は、各都道府県に設置された労働局もしくは最寄りの労働基準監督署へお問い合わせください。

Ⅳ 安全衛生

1　小規模な工場で特に多い労災事故

クルマ屋さんで働く労働者で最も危険な業務を担っているのは整備士です。ディーラーの整備士だった筆者も、誤ってハンマーで指を叩いてしまい病院に行った経験があります。当時を振り返っても、「ヒヤリ・ハット」な場面や怖がりながら作業した経験がいくつも思い出されます。

厚生労働省によれば、自動車整備業における2017年の労災発生件数は593件（図表57）。ただし、これは死傷病報告（死亡または休業したとき）を提出したものであり、それ以外の労災事故まで含めると軽く1,000件を超えるのではないでしょうか。

中でも気になるのが、規模別の発生件数です。9人以下の事業場

図表57　自動車整備業における死傷災害発生状況

	~9人	10~29人	30~49人	50~99人	100~299人	300人~	計
2017	264	206	65	36	18	4	593
2016	260	191	55	34	15	0	555
2015	238	182	51	35	18	2	526
2014	266	197	52	22	13	1	551
2013	287	185	53	25	4	0	554

出典：厚生労働省「労働者私傷病報告」による死傷災害発生状況

で44.5%と約半数を占め、とりわけ小規模な整備工場で多く発生しているのがわかります（29人以下の事業場で約80%）。

小さな民間工場では、限られたスペースで作業したりリフトが足りずリジッドラック（通称：うま）を使い車両下に潜り込んで整備を行ったりすることも多く、また工具や備品が雑然と転がっている工場も少なくなく、こうした作業環境が事故に繋がっていると考えられます。

後半で労災事故が発生した際に会社が負う「責任」について紹介していますが、まず必要なのは経営者や従業員が事故防止の基本知識を覚えること。そして、整理整頓などの対策を施し、常日頃から事故を未然に防ぐ意識を強く持ってもらうことです（リスクアセスメントは第5章で解説）。

2　痛ましい死亡事故の例

クルマ屋さんでは、死亡災害も発生しています。紹介する事故事例を貴重な教訓としていただき、災害防止に努めてください。

- ダンプトラックの荷台を上昇させての整備作業中、荷台が下降し、荷台とシャシとの間に挟まれ死亡した。
- 10tトラックの車両後部の塗装作業を行っている従業員の近くで、別の従業員がトラックの移動準備としてエンジンをかけた。ギアがバックに入っており、被災者がバックしたトラックと金属製の棚との間に挟まれ死亡した。
- 乗用車の車検整備作業中、交換が必要な部品を同一メーカーの廃車から取り外そうと廃車を約50cmリフトアップさせた後、従業員が車両の下に潜って作業を行っていたところ、突然車が後方にずれ、同時にジャッキが倒れたため、下敷きとなり死亡した。
- バスの修理作業のため、油圧式ジャッキおよびリジッドラックを使用して車両を持ち上げていた。終了後にリジッドラックを取り外すために一旦ジャッキアップした際、滑り止めとして使用していた木材が割れ、リジッドラックが外れてバスが沈み、バスの後部付近にいた従業員が挟まれ死亡した。

- 整備工場でバスの下廻りに係る作業を行っていたところ、バスが動き出した。従業員がバスの前に回り停止させようとしたところ、バスと給油所の柱に挟まれ死亡した。
- 貨物自家用車をジャッキで持ち上げ、従業員が車両の下に潜り込みながらエンジンオイルを交換していた際、車両が落下し、下敷きとなり死亡した。
- 従業員が溶接作業を行っていたが、取付方向を誤ってしまったため正しい方向に鉄板の端材を溶接し直し、レバーブロック（荷締機）を掛けた。脚立の５段目（高さ 1.4 m）に昇って締付作業を行っていたところ、溶接部が破断し、その反動で後ろ向きに転落して死亡した。
- 車両置場で廃車となっていた軽自動車からドライブシャフトを取り外す作業中にジャッキが外れ、従業員が車両の下敷きとなり死亡した。
- 道路上で故障したトラックを修理点検するため、移動式クレーンでトラック車体後部をつり上げ車両の下に潜って作業をしていたところ、つり上げに使用していた繊維ベルトが切断し、従業員の上に車体が落下し死亡した。
- 従業員がフォークリフトで廃車を持ち上げ、燃料タンクに残っていたガソリンを抜く作業を行っていた時に、何らかの原因で身体にかぶったガソリンに引火し被災。病院で治療を受けたが死亡した。

３　事故防止の気づきは「ヒヤリ・ハット」から

幸い筆者の顧問先では労災事故は発生していませんが、つい先日もとある整備工場で「ファンに指を巻き込まれ切断した」という話を聞きました。また、事故に至らない「ヒヤリ・ハット」の報告事例もあります。この「ヒヤリ・ハット」は非常に重要です。

アメリカのハインリッヒという安全技師が調査・分析した結果によると、「1回の重大事故の背景には29回の軽度事故、そして300回ものヒヤリ・ハットがある」といいます。ここをおろそかにせず、適切な対策を施すだけでも多くの労災事故を防止できるといわれており、筆者はこの部分にも力を入れるようにしています。

例えば、自動車の後方にいた誘導者に気づかず運転手が車両を移動させていたところ、車体と塀の間に誘導者の身体が挟まれそうになった、という「ヒヤリ・ハット」が発生したときに大事なのは、「危なかった〜、無事で良かった！」で終わらせるのではなく、“状況の把握と原因調査”をし、“再発防止策を実施”することです（図表58）。

どんな状況で、どのような原因でヒヤリとしたのか、5W1Hに沿って状況と原因を明らかにし、施した対策を書面にまとめます。再発防止策は工場長が決定してもいいですし、複雑な内容なら全員で話し合って決めてもいいでしょう。

そして、これらの経緯や防止策を対象となるすべての従業員へ周知しましょう。書面にまとめることにより、会社独自の「ヒヤリ・ハット事例集」が積み重なっていき、定期的に見直すこともできるし、新入社員にも伝えやすくなります。

シンプルながらも労働災害の防止には有効的ですので、ぜひ実践してみてください。

図表 58　ヒヤリ・ハット事例を踏まえた対策検討資料の例

When（いつ？）	日時	○月○日　16 時頃
Where（どこで？）	場所	工場前の駐車場
Who（誰が？）	当事者	整備士○○○○
What（何を？）	内容	車両を誘導中
Why（なぜ？）	理由	車両の入替えをするため
How（どのように？）	発生状況	車両と塀の間に挟まれそうになった
	原因	運転手の注意散漫により、誘導者に気づいていなかった
	対策	バックする際は周囲の状況をバックミラー（カメラ）やサイドミラー、直接の目視での確認を徹底し、誘導者においては車両進行方向から外れて誘導する

4　労働災害発生で会社が負う責任

労働災害発生により会社が負う責任には、次のようなものがあります（図表 59)。

(1)　書類送検の可能性もある「刑事上の責任」

「労働安全衛生法」（以下、「安衛法」という）では、労働者の危険を防止するための措置を事業者へ義務付けており、労働災害発生の有無を問わず、これを怠ると刑事罰に処せられます（安衛法 119

図表59　労働災害の発生と企業の責任

出典：厚生労働省・中央労働災害防止協会
『自動車整備業におけるリスクアセスメントマニュアル』20頁

条、120条)。したがって、労災事故の内容によっては書類送検されることもあります。

また業務上、労働者の生命、身体、健康に対する危険防止を怠り、労働者を死傷させた場合、業務上過失致死罪（刑法211条）に問われることにもなります。

(2)　損害賠償請求で経営の根幹を揺るがす「民事上の責任」

まずはこちらの労働契約法の条文をご覧ください。

（労働者の安全への配慮）
第5条　使用者は、労働契約に伴い、労働者がその生命、身体等の安全を確保しつつ労働することができるよう、必要な配慮をするものとする。

「民事上の責任」を考える上で欠かせないのが、会社に義務づけられている「安全配慮義務」。厚生労働省のパンフレットでは、図表60のように説明されています。

図表60　労働契約法５条の解説

(1) 趣旨

通常の場合、労働者は、使用者の指定した場所に配置され、使用者の供給する設備、器具等を用いて労働に従事するものであることから、判例において、労働契約の内容として具体的に定めずとも、労働契約に伴い信義則上当然に、使用者は、労働者を危険から保護するよう配慮すべき安全配慮義務を負っているものとされていますが、これは、民法等の規定からは明らかになっていないところです。

このため、法第５条において、使用者は当然に安全配慮義務を負うことを規定したものです。

(中略)

(2) 内容

① 法第５条は、使用者は、労働契約に基づいてその本来の債務として賃金支払義務を負うほか、労働契約に特段の根拠規定がなくとも、労働契約上の付随的義務として当然に安全配慮義務を負うことを規定したものです。

② 法第５条の「労働契約に伴い」は、労働契約に特段の根拠規定がなくとも、労働契約上の付随的義務として当然に、使用者は安全配慮義務を負うことを明らかにしたものです。

③ 法第５条の「生命、身体等の安全」には、心身の健康も含まれるものです。

④ 法第５条の「必要な配慮」とは、一律に定まるものではなく、使用者に特定の措置を求めるものではありませんが、労働者の職種、労務内容、労務提供場所等の具体的な状況に応じて、必要な配慮をすることが求められるものです。

なお、労働安全衛生法（昭和47年法律第57号）をはじめとする労働安全衛生関係法令においては、事業主の講ずべき具体的な措置が規定されているところであり、これらは当然に遵守されなければならないものです。

出典：厚生労働省「労働契約法のあらまし」

この安全配慮義務は、会社が安衛法を守っているだけでは履行したことになりません。つまり、安衛法上の刑事責任と民事上の損害賠償責任は、“必ずしも一致するわけではない”のです。労働災害が発生した場合、会社は、安全配慮義務違反や不法行為責任による損害賠償責任を問われる場合があるからです。

会社は、労災保険給付の限度で責任を免れます。しかし、カバーされていない精神的苦痛に対する「慰謝料」や、後遺症が残った場合の「逸失利益」（事故によって後遺症を負わなければ得られたであろう将来の収入）について、損害賠償責任が問われます。

ここでポイントになるのが、どの程度配慮していれば会社が安全配慮義務を尽くしたと言えるのか。明確な基準はなく、事案によって判断されますが、100％義務を果たしていると認定されるケースは少ないでしょう（一部過失相殺はあり得ると思いますが）。

賠償額は、障害の程度や労働者の年齢、収入によって大幅に変わります。会社規模とは関係ありません。参考までに自動車業界ではありませんが、高額な判決例をご紹介します。

業種	事故の内容	賠償額
製材業	玉掛けしていた原木が落下し１級障害	１億6,524万円
建設業	作業員が２階より転落し下半身不随	8,323万円
飲食業	長時間労働による急性心不全で死亡	7,862万円
製造業	長時間労働による脳内出血で全介助状態	１億9,869万円

このように、ケースによっては高額な損害賠償が発生します。数千万円の損害賠償を支払っても事業を存続できる、そんな会社がどれほどあるでしょうか。経営リスク対策として民間の使用者賠償責任保険に加入する手もありますが、最も大事なのは、繰り返しお伝えしているとおり労災事故が起こらないようしっかりと予防策を講

じることです。朝礼や現場において常日頃から注意を喚起したり、ヒヤリ・ハット事例の報告を徹底させたり、機械の構造上ストッパーを設置したりと、労災事故に対する意識を強く持ちながら業務を進めるべきでしょう。

労災事故防止で最も有効なのは、リスクアセスメントの実施とされています。第５章で紹介しますので、ぜひ実践してください。

(3)　補償上の責任

労働基準法および労働者災害補償保険法（以下、「労災保険法」という）は、従業員が労働災害を被った場合に使用者の無過失責任として本人や家族に対する補償を義務付けており、実務上は労災保険給付等によりカバーされます（図表61）。実際の流れを簡単に説明すると、次のような流れで給付が支給されます。

①　医療機関や薬局での医療費の本人負担はなし
⬇
②　休業して賃金を受けられない場合は、賃金額のおおよそ80%の給付が受けられる（休業補償給付）
⬇
③　１年６カ月経過後や治癒（症状固定）した際に、障害が残っている場合には、障害の程度に応じた給付が受けられる（障害（補償）年金や傷病（補償）年金）
⬇
④　状況により介護のための給付や遺族のための給付も発生する（介護（補償）給付や遺族（補償）給付）

このように、労災保険は被災者を手厚く保護する制度です。また、会社としても労働災害時のリスクを大幅に低減できる制度でもあります。

なお、労災隠しが違法であり、被災労働者が多大なる不利益を被るのは言うまでもありません。

図表61　労災保険給付の種類と給付内容

保険給付の種類	こういうときは	保険給付の内容	特別支給金の内容
療養（補償）給付	業務災害または通勤災害による傷病により療養するとき（労災病院や労災指定医療機関等で療養を受けるとき）	必要な療養の給付*	
	業務災害または通勤災害による傷病により療養するとき（労災病院や労災指定医療機関等以外で療養を受けるとき）	必要な療養の費用の支給*	
休業（補償）給付	業務災害または通勤災害による傷病の療養のため労働することができず、賃金を受けられないとき	休業4日目から、休業1日につき給付基礎日額の60%相当額	（休業特別支給金） 休業4日目から、休業1日につき給付基礎日額の20%相当額
傷病（補償）年金	業務災害または通勤災害による傷病が療養開始後1年6カ月を経過した日または同日後において次の各号のいずれにも該当するとき (1)　傷病が治癒（症状固定）していないこと (2)　傷病による障害の程度が傷病等級に該当すること	傷害の程度に応じ、給付基礎日額の313日分から245日分の年金 第1級　313日分 第2級　277日分 第3級　245日分	（傷病特別支給金） 障害の程度により114万円から100万円までの一時金 （傷病特別年金） 障害の程度により算定基礎日額の313日分から245日分の年金
障害（補償）給付　障害（補償）年金	業務災害または通勤災害による傷病が治癒（症状固定）した後に障害等級第1級から第7級までに該当する障害が残ったとき	障害の程度に応じ、給付基礎日額の313日分から131日分の年金 第1級　313日分 第2級　277日分 第3級　245日分 第4級　213日分 第5級　184日分 第6級　156日分 第7級　131日分	（障害特別支給金） 障害の程度に応じ、342万円から159万円までの一時金 （障害特別年金） 障害の程度に応じ、算定基礎日額の313日分から131日分の年金
障害（補償）給付　障害（補償）一時金	業務災害または通勤災害による傷病が治癒（症状固定）した後に障害等級第8級から第14級までに該当する障害が残ったとき	障害の程度に応じ、給付基礎日額の503日分から56日分の一時金 第8級　503日分 第9級　391日分 第10級　302日分 第11級　223日分	（障害特別支給金） 障害の程度に応じ、65万円から8万円までの一時金 （障害特別一時金） 障害の程度に応じ、算定基礎日額の503日

			第12級　156日分 第13級　101日分 第14級　56日分	分から56日分の一時金
介護（補償）給付		障害（補償）年金または傷病（補償）年金受給者のうち第1級の者または第2級の精神・神経の障害および胸腹部臓器の障害の者であって、現に介護を受けているとき	常時介護の場合は、介護の費用として支出した額（ただし、105,290円を上限とする）。 親族等により介護を受けており介護費用を支出していない場合、または支出した額が57,190円を下回る場合は57,190円。 随時介護の場合は、介護の費用として支出した額（ただし、52,650円を上限とする）。 親族等により介護を受けており介護費用を支出していない場合または支出した額が28,600円を下回る場合は28,600円。	
遺族（補償）給付	遺族（補償）年金	業務災害または通勤災害により死亡したとき	遺族の数等に応じ、給付基礎日額の245日分から153日分の年金 1人　153日分 2人　201日分 3人　223日分 4人以上　245日分	（遺族特別支給金） 遺族の数にかかわらず、一律300万円 （遺族特別年金） 遺族の数等に応じ、算定基礎日額の245日分から153日分の年金
	遺族（補償）一時金	(1)　遺族（補償）年金を受け得る遺族がないとき (2)　遺族（補償）年金を受けている人が失権し、かつ、他に遺族（補償）年金を受け得る人がない場合であって、既に支給された年金の合計額が給付基礎日額の1,000日分に満たないとき	給付基礎日額の1,000日分の一時金（(2)の場合は、既に支給した年金の合計額を差し引いた額）	（遺族特別支給金） 遺族の数にかかわらず、一律300万円（(1)の場合のみ） （遺族特別一時金） 算定基礎日額の1,000日分の一時金（(2)の場合は、既に支給した特別年金の合計額を差し引いた額）
葬祭料 葬祭給付		業務災害または通勤災害により死亡した人の葬祭を行うとき	315,000円に給付基礎日額の30日分を加えた額（その額が給付基礎日額の60日分に満たない場合は、給付基礎日額の60日分）	

二次健康診断等給付 ※船員法の適用を受ける船員については対象外	事業主が行った直近の定期健康診断等（一次健康診断）において、次の⑴⑵のいずれにも該当するとき ⑴　血圧検査、血中脂質検査、血糖検査、腹囲またはBMI（肥満度）の測定のすべての検査において異常の所見があると診断されていること ⑵　脳血管疾患または心臓疾患の症状を有していないと認められること	二次健康診断および特定保健指導の給付 ⑴　二次健康診断 脳血管および心臓の状態を把握するために必要な、以下の検査 ①　空腹時血中脂質検査 ②　空腹時血糖値検査 ③　ヘモグロビン A_1c 検査 （一次健康診断で行った場合には行わない） ④　負荷心電図検査または心エコー検査 ⑤　頸部エコー検査 ⑥　微量アルブミン尿検査 （一次健康診断において尿蛋白検査の所見が疑陽性（±）または弱陽性（＋）である者に限り行う） ⑵　特定保健指導 脳・心臓疾患の発生の予防を図るため、医師等により行われる栄養指導、運動指導、生活指導	

注 1）表中の金額等は、2018 年 4 月 1 日現在のものです。
このほか、社会復帰促進等事業として、アフターケア・義肢等補装具の費用の支給、外科後処置、労災就学等援護費、休業補償特別援護金等の支援制度があります。詳しくは、労働基準監督署にお問い合わせください。
注 2）療養のため通院したときは、通院費が支給される場合があります。

出典：厚生労働省『労災保険給付の概要』

(4)　監督官庁から処分を受ける「行政上の責任」

安衛法違反や労働災害発生の急迫した危険がある場合、行政処分を受けることがあります。

こうした監督官庁からの処分に関する情報が公表される傾向にあります。厚生労働省では労働基準関係法令違反の疑いで送検、公表された事案を「労働基準関係法令違反に関する公表事案」として掲載・配信していることから、取引先等に処分を受けたことを知られる可能性もあります。

(5)　売上や取引にも影響する「社会的な責任」

上記のとおり、行政処分に関する情報が公表されているので、場合によっては、取引先（他官庁）からの取引停止（指名停止）処分も考えられます。そうなると作業が停止するだけでなく、受注していた仕事自体もなくなり、今後の会社経営に大きな影響を及ぼす事態になります。一連の流れを考えると、社会全体および業界や地域からの信用が低下することは避けられません。

会社は、労働災害発生がもたらす影響が多岐にわたることを理解して未然防止に努める必要があるでしょう。

V 労災保険率は「自動車小売業」か「整備・板金塗装業」か

労災保険は「事業場単位」で適用されるのが原則です。例えば、同じ場所で複数の事業を行っていたとしても1つの事業として捉え、また場所的に分かれているものは別の事業とします。労働基準法および労働安全衛生法も同じような考え方です。

ただし、同じ場所にあっても、作業場を明確に区分でき、人事や経理、経営業務等の指揮監督が独立していると認められる場合には、次のように独立した事業として取り扱うこととされています(昭和47.9.18発基第91号)。

> 同一場所にあっても、著しく労働の態様を異にする部門が存する場合に、その部門を主たる部門と切り離して別個の事業場としてとらえることによってこの法律がより適切に運用できる場合には、その部門は別個の事業場としてとらえるものとする。例えば、工場内の診療所、自動車販売会社に附属する自動車整備工場、学校に附置された給食場等はこれに該当する。

つまり、ディーラーの“販売”と“整備”は、同一ではなく別個の事業場として捉えるのが適当でしょう。販売業と整備業等の労災適用区分は、次のとおりです(料率は平成30年度)。

① 自動車販売業…………………9801 卸売業、小売業
(1000分の3)

② 自動車整備・板金塗装業……5801 輸送用機械器具製造業
(1000分の4)

一方、中古車販売業と整備・板金塗装業(以下、「整備業等」という)を経営する小規模なクルマ屋さんの場合は、それぞれの事業について明確な独立性が見られないケースがほとんどです。複数の事業があるときは、いずれが「主たる事業」かで決定し、通常は1

つの事業として成立させるのが一般的ですが、この「主たる事業」の判断は、次の通達を参考にします。

・保険料率の適用区分について（昭 24.5.19 基発第 563 号）【要旨抜粋】

一事業において相異る数種の作業を行っていても、その事業運営の一過程に過ぎないと見られる場合は、一括して、その事業に該当する労災保険率を適用する。

例えば、ある事業主が鉱業という事業を経営する場合においては、その事業の運営上、機械器具工業所、製材所、発電所、事務所等が設けられ、鉱業本来の事業に数種の作業が附随しているのが通例であるが、これらは鉱業という事業の一部門に過ぎないから、労災保険率の適用については、これらの附随作業を含めて一事業とし、これに対して鉱業の労災保険率を適用すべきである。

ただし、鉱業附属の施設であっても遠隔の地に在る製錬所等の如く独立した工場として取り扱われるものは、鉱業に含めず、製造業の労災保険率を適用する。

実務上、筆者はそのクルマ屋さんの全体像を把握しつつ、この通達に則って適用区分を判断しています。

イメージとしては、中古車販売会社が自社で販売した自動車のアフターサービスとして整備・板金塗装も行っているというケースは、整備・板金塗装を附属の事業とする、といった判断です。また、整備工場が持ち込まれた自動車の一部を買い取り、メンテナンスをした上でその販売も行っているというケースでは、販売を附属の事業とする、といった判断です。

場合によっては悩むケースもありますが、全体像を掴みながら、通達等を参考に判断するといいでしょう。また、ディーラーのように規模の大きなクルマ屋さんも注意を払う必要があるでしょう。

Ⅵ　離職率改善に向けた取組み

1　退職者の退職原因を探る

第3章Ⅲで整備士が他業種へ転職する理由を見ました。その際、人手不足を解消するには労働環境の改善が必要であるとお話ししましたが、ここでは、日々の労務管理においてクルマ屋さんの離職率を下げるためにどうすればよいかをお話しします。

第3章で示した退職理由は、あくまで調査結果であり全体の傾向に過ぎません。退職理由は1つとは限らないし、会社によっても大きく変わるでしょう。さらには営業スタッフならではの理由、整備士・板金塗装工ならではの理由もあるでしょう。

では、どうすれば把握できるのか。シンプルで確実なのは、「従業員が辞める時に聞く」ことです。

なかなか取り組みにくいものですが、会社の将来にはきっと役立つはず。ただ、経営者が対応するとなれば、心情的に聞きにくいでしょうし、さらに従業員も本心は言いづらいでしょう。

そこで、仲の良かった従業員に聞いてもらい、後で報告してもらう方法はいかがでしょうか。これなら本音に近づくことができるかもしれません。もっとも、この取組みをするまでもなく一部の従業員が本当の退職理由を知っているケースも数多くあるのですが。

経営者と従業員の風通しを良くし、ぜひ取り組んでもらいたいことの1つです。

2　従業員満足度を向上させる

日々、顧問先企業の労務管理サポートをしていると、同じ業種でも従業員の入れ替わりが激しく常に人手が足りない会社がある一方で、退職者がほぼいない上に声をかければすぐ人を集められる会社があります。同じ仕事内容なのに、この差は一体どこにあるのでしょうか。

筆者が経営者に聞取りをした情報を元に考えてみると、「会社がどれだけ従業員を大事にしているか」。そして、この意識と行動が本人に伝わっているかどうかだと感じます。わかりやすく言うと、「従業員の働きやすい環境づくり」を会社が積極的に実践しているか否か、です。

ここで、青森トヨタ自動車株式会社の取組み事例を紹介します。全国的にも話題になったのでご存知の方も多いと思いますが、2018年５月の東奥日報によると、同社は、従業員の残業時間を減らすため、慣行であった「納引き」サービスを減らす取組みを始めたそうです。

「納引き」とは、車検や修理依頼のあったユーザーの元へ自動車を引取りに出向いたり、後日納車したりする「納車・引取り」というサービスのことです。筆者も経験がありますが、整備士２名で行動し１時間程度の時間を必要とします。忙しいときにはそのまま残業時間に繋がった記憶があります。

そんな「納引き」を減少させるべく、同社では約３万5,000人の顧客宛てに来店協力を求める文書を送った結果、県内11店舗で約50％だった納引き率が１％台に激減。他の対策も相まって月平均残業時間は29時間から7.6時間に減少し、残業代が減った分は別に手当を支給したところ、従業員からの評判も上々のようです。

従業員の働きやすい環境を優先するか、顧客サービスを優先するかは悩ましい問題ですが、働く人がいなければ会社は成り立たない、この点をじっくりと考えて判断してほしいと思います。

このような働き方改革を進めるには、会社が先頭に立って取り組むことも重要ですが、それ以上に求められるのは従業員から信頼を得られるようにすることだと感じます。例えば、営業と工場の連携に問題があったが改善に協力的だった、困った従業員に対しても前面に出て話し合ってくれた、クレーマーまがいのユーザーとやり取りしている時にしっかり対応してくれた、などです。

日々のこうした取組みにより従業員の不満を取り除くことができ、また会社への信頼もグッと増すでしょう。結果として誰も辞めずに人手不足とは無縁という組織に近づいていけるのではないでしょうか。

3　20代の若者に合わせた指導を行う

会社の将来には、これからを担う20代の若者の力が欠かせません。ただ、「ゆとり世代」と呼ばれる彼らとの接し方に頭を抱えている経営者も多く、内に秘めた彼らなりの考え方や思いをを自ら発信することは稀なため、それに合わせた対応ができず早期離職が発生しているようです。20代前半の若者を採用したが1カ月も持たずに退職した、といった話がよく聞かれますが、単に“若者だからしょうがない”で終わらせず、改善策を講じる必要があるでしょう。それには、彼らの特徴に合わせた指導が必要です。

(1)「広い視野」を持てるように仕事を与える

「若い者は言われたことしかやらない」と感じたことはありませんか。20代の若者に限ったことではありませんが、会社としては、「自ら積極的に仕事を見つけ行動してほしい」と考えるものです。

行動を起こすために重要なのは、「広い視野」です。これは、多くの経験をすることによって養われていくものです。クルマ屋さんの営業スタッフであれば、販売業務だけではなく、整備や板金・塗装、洗車や事務作業といった他部署の経験を積むといいでしょう。手が空いている時に手伝う程度でも効果はあります。

人員的に余裕がなく難しいのであれば、少なくとも他部署の従業員とコミュニケーションを取ってほしいと考えます。他部署の従業員の作業方法や考え方を知ることにより、クルマ屋さんという会社の全体像が見えてくることでしょう。
そうすれば、言われたことだけでなく、手が空いた時には何をすればいいのか、販売台数を増やすには何が必要なのか、プラスαの行動が芽生えてくるはずです。

(2)　根拠を示して指導する

仕事のひとつひとつには目的があり、根拠があります。なぜその仕事をする必要があるのか、若者はその根拠を大切にする傾向があるといわれます。それを理解しないままだと、指示された仕事も最低限しかこなせず、さらには身も入りません。
ベテラン従業員なら感覚的に根拠を見出せても、社会人経験の少ない若者にまだその力量はなく、上司が直接言葉で伝えなければなりません。
整備作業で例を挙げると、タイヤ装着の際、「ホイールナットをエアーインパクトの最小“1”で軽く締めた後、手作業で増し締めする」という手順が必要なのですが、経験の浅い若者には、手順だけではなくなぜエアーインパクト最大“6”で締めてはダメなのか、その理由まで説明する必要があります。
これは販売、総務、板金・塗装においても同様です。上司は一手間増えることになりますが、新人には良い経験の積重ねとなり、慣れてくれば根拠や意味を自身で考えられるようになるでしょう。結果、若者の早期離職を防ぐだけでなく考える力が養われ、20代ならではのアイディアや企画提案が生み出されるといった効果につながるでしょう。

(3)　褒めて能力を発揮させる

経営者や上司にはいろんなタイプの人がいます。厳しく指導する人、褒めて教育する人などそれぞれですが、概してうまくいっているのは後者でしょう。人は誰しも「褒められたい」「認めてもらいたい」という思いがあります。

若者は得てしてそれが強く、否定されるとモチベーションが一気に下がってしまう傾向がある反面、褒められるといつも以上に力を発揮します。特徴的な部分であると言えるでしょう。

つまり、若者に指導する際は「褒めること」、「認めること」を中心にしつつ、必要なときはわかりやすく注意するといった指導が必要だと感じます。

Ⅷ　書類送検事例

1　残業代未払い

2016年4月、新潟県の長岡労働基準監督署は、労働者に時間外手当（残業代）を支払わなかったとして、トヨタカローラ北越株式会社と同社の長岡要町店支店長を労働基準法37条（時間外、休日及び深夜の割増賃金）違反の容疑で書類送検しました。勤怠管理者が17〜18時になると営業社員に強制的にタイムカードを打刻させていたことが、労働者からの相談により発覚したそうです。

会社の理由はどうあれ、法令遵守は当然のことです。第4章**Ⅰ**で紹介した「定額残業代制」の導入等の対策を講じるべきでしょう。

この事例では、「労働者が労基署に相談して発覚」していますが、昨今、労働者の権利意識の向上により、会社側に権利を主張するケースが増えています。労基署等の総合労働相談の件数は10年連続100万件超となり、高止まり状態（2017年度）です。在籍中の労働者であれば、本人特定を恐れて、相当不満が溜まっているのでなければ行政に駆け込むものではありません。

つまり、今回の相談は本人特定のリスク以上に会社や上司に対する不満が溜まっていたと考えられます。

筆者は残業代について、入社間もない若い整備士と直接話をすることがあります。会社側に非があるケースは早急な改善が必要ですが、本人の誤った解釈が問題だったという場合もあります。例えば、残業が許可制の会社において上司の許可なく勝手に残業をした上、その時間帯は自分のクルマを整備しているもしくは何をしているか不明。残業代支払いの義務はないと感じますが、本人の認識はそうではありません。

小さな行き違いではあるものの、放っておくと大きなトラブルにも発展しかねません。初期の段階でしっかり本人に説明をして納得してもらうこと、日々のコミュニケーションを心がけること、昨今の労務管理に欠かせないことだと感じています。

2　無資格者に就業制限業務を行わせた

2018年2月、滋賀県の大津労働基準監督署は、無資格者にフォークリフトを運転させたとして、カキモトレーシング株式会社と同社滋賀工場の責任者を労働安全衛生法61条（就業制限）違反の容疑で書類送検しました。同社で技能講習を修了していない労働者にフォークリフトを運転させていたことが監督署への「告発」により発覚し、捜査の上、労働災害は発生していませんでしたが司法処分に至ったものです。捜査担当者によれば、「賃金不払いなどを告発により捜査をすることはあるが、今回のような告発は今まで経験がない」ということです。

最大荷重1t以上のフォークリフトは、技能講習を修了しなければ運転することはできません（最大荷重1t未満のフォークリフトは特別教育の対象）。

しかしながら、無資格運転による死傷事故が後を絶たず、同社のように労働災害が発生する前でも書類送検されるケースは珍しくありません。それほど危険な業務だと言え、だからこそ法律で制限を設けて安全の確保を図っているのです。

おそらく、技能講習修了には一定の費用と時間がかかるため、その手間を惜しんでのことでしょうが、フォークリフトに起因する死傷者数が毎年2,000人近くにのぼる現実を知っていただき、経営者が考えている以上に危険な作業だと認識してもらいたいです。

クルマ屋さんにおいては、整備士の資格以外にも、ガス溶接など一定の資格等が必要になる業務があります（就業制限業務等の詳細は第5章参照）が、この溶接も書類送検事例があります。

2018年8月、相模原労働基準監督署が東京濾器株式会社に対し、アーク溶接作業時に防じんマスクを使用するよう指導していたにもかかわらず、それ以降の監督指導でも同様の違反が見つかったため、書類送検したというものです。

このように、労働災害の発生の有無にかかわらず書類送検することを「事前送検」といいます。労働者の安全と健康を確保するために、悪質な場合については、今後「事前送検」が増えてくるのかもしれません。

こうした監督行政の姿勢も踏まえて、会社は今後の労務管理に生かしてほしいと感じます。

3　賃金不払い

2017年4月、札幌中央労働基準監督署は、労働者に賃金を支払わなかったとして、株式会社オートハウス益子を最低賃金法4条（最低賃金の効力）違反の容疑で書類送検しました。

2015年12月と2016年1月の2カ月間、労働者1人の賃金32万円を支払わなかった疑いですが、他にも、経営不振を理由に2014年5月以降、労働者8人に対し賃金不払いの月があり、総額1,100万円程度になることが労働相談から発覚したとのこと。

売上減少や経費の増加によって資金繰りが苦しいが事業は存続させ経営状態を回復したいという経営者の気持ちはよくわかります。労働者にとっても「会社都合による解雇」は最も不利益が大きく、高年齢者は再就職も困難になりますから、労使とも事業存続が望ましいのですが、賃金はきちんと支払うことが前提です。

本事例では経費支払いの優先順位に問題があり、経営者が仕入や銀行返済を優先し、賃金を後回しにしていたのかもしれません。事業存続のためとは言え、経営者として最低限の責務を果たせなければ人を雇用する資格はありません。本事例のように長期間にわたって賃金不払いが続けば、たとえ事業が存続していても却って労働者の不利益は大きいと言えるでしょう。

Ⅷ 労働基準監督署調査のポイント

1　労働基準監督署の調査とは

「労働基準監督署」の日常業務は、労働基準法令を中心とした相談や各種届出書類の対応がメインですが、会社が気になるのは「調査」でしょう。

大きく分けて「定期監督」と「申告監督」の2つがあります。前者はその名のとおり定期的に行われるもので、例年1月頃に実施されるケースが多いと感じます。なぜこの時期かというと、毎年10月頃に改定される最低賃金にきちんと対応しているかどうかを確認するためでもあります。

調査対象となる事業所は、以前、とある監督署の副所長に聞いたところによると、基本的には「一度も調査を行っていない事業所」や「過去に調査等で是正勧告を受けた事業所」などが中心となるようです。

(1)　業種を決定して実施される定期監督

「定期監督」は、対象事業所の前に、まず「業種」を決定する傾向が見られます。例えば、「今年は飲食業を調査する」と決めたら、管内の飲食店を中心に調査が実施されます。

また、労務トラブルが大きく取り上げられた業種を選んでいるときもあるようです。以前、全国展開しているエステティックサロンの労務トラブルがマスコミを通じて広く知れ渡ったことがありましたが、その数カ月後、筆者の顧問先であるエステティックサロンで定期監督の調査が実施されました。他のエステティックサロンでも実施されたと聞きます。

(2)　労働者からの相談により実施される「申告監督」

「申告監督」は、労働者からの相談等があったことをきっかけとして調査が実施されます。流れとしては「定期監督」と変わりません。

それでも経営者に聞くと、「ちょっと前にＡさんとトラブルになった」など、心当たりのあるケースも少なくありません。過ぎてしまったことは致し方ありませんが、本来であればトラブルになった際にきちんと話し合うことが必要でしょう。そして、労使ともに納得できる妥協点を見出すことが、最も重要だと思います。

2　クルマ屋さんの調査対応のポイント

筆者の経験上、小規模な事業所が多いクルマ屋さんで指摘が多いのが、「残業代支払いの有無」です。未だに「昔から自動車屋はサービス残業が当たり前だった」という認識の経営者もいますが、その理屈は通用しませんし、従業員に長く働き続けてもらうためにも法令遵守は必要です。

また、「法定３帳簿」と呼ばれる「賃金台帳」「出勤簿」「労働者名簿」は会社に作成・保存が義務づけられた書類ですが、作成しておらず賃金台帳の代わりに給与明細を持参して是正勧告を受けた、という話を聞くことがあります。とりわけ小規模なクルマ屋さんで自社にて労務管理を行っている場合は、今一度確認してみてください。

そのほか、入社時に労働条件通知書等を交付しているか、三六協定や変形労働時間制の届出を年に一度行っているかなど、最低限の労務管理に漏れがないか確認すべきでしょう。

以前「１日８時間労働、週１日休み」にもかかわらず、残業代を支払っていない事業所に定期監督が入りました。当然ながら最初にその部分の指摘を受け、そのほかの違反事項も含めて是正勧告書が交付されました。是正期日は１カ月後（三六協定等は即時）。このケースでは経営者の希望もあり定額残業制度を導入、2週間程度で必要書類を是正報告書として提出しました。

本来であれば指摘される前に改善すべき内容ですが、経営者によっては難しいケースもあります。相応の事情があるとはいえ、違法状態が続き、従業員の不満も溜まっていくでしょう。労働者と使用者のためにも、適切な労務管理は欠かせません。

第５章
リスクアセスメントの意識を持つ

I　労働安全衛生法とは

1　整備工場の安全衛生管理体制とは

労働者の安全と健康を確保するため、全体を管理する者、具体的な指示を出す者など、各々の役割を明確にしたのが安全衛生管理体制です（図表62）。

雇用する労働者数によって管理体制が変わりますが、この数は、第4章**V**で紹介した事業場単位と同じく、整備工場を複数所有していても基本的にはそれぞれの工場単位で労働者をカウントします。

例えば、同じ会社でもA整備工場が5名なら「1～9人」、B整備工場が12名なら「10～49人」の管理体制が必要となるのです。

一般的には、1つの整備工場の整備士や板金・塗装工は数名から数十名といったケースがほとんどで「1～9人」もしくは「10～49人」に該当する会社（事業場）が多いと思われます。

それぞれの役割は図表63のとおりです。

(1)　衛生管理者

衛生管理者は、有機溶剤を使用する塗装業においては重要な役割を担うでしょう。自動車整備業の場合は、第2種衛生管理者ではなく第1種衛生管理者試験を合格した者でなければなりません。

なお、自動車に使用される塗料の多くには有機溶剤が含まれますが、「有機溶剤を製造しまたは取り扱う屋内作業場」においては、6月以内ごとに1回、作業環境測定を行い、その結果を3年間保存しなければなりません。目に見えない有害因子がどの程度存在しているかを把握できるため、従業員の健康確保には欠かせない作業と言えます。

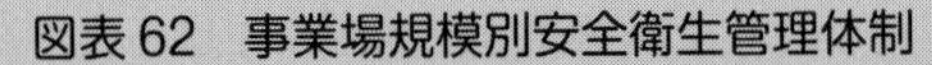

図表62　事業場規模別安全衛生管理体制

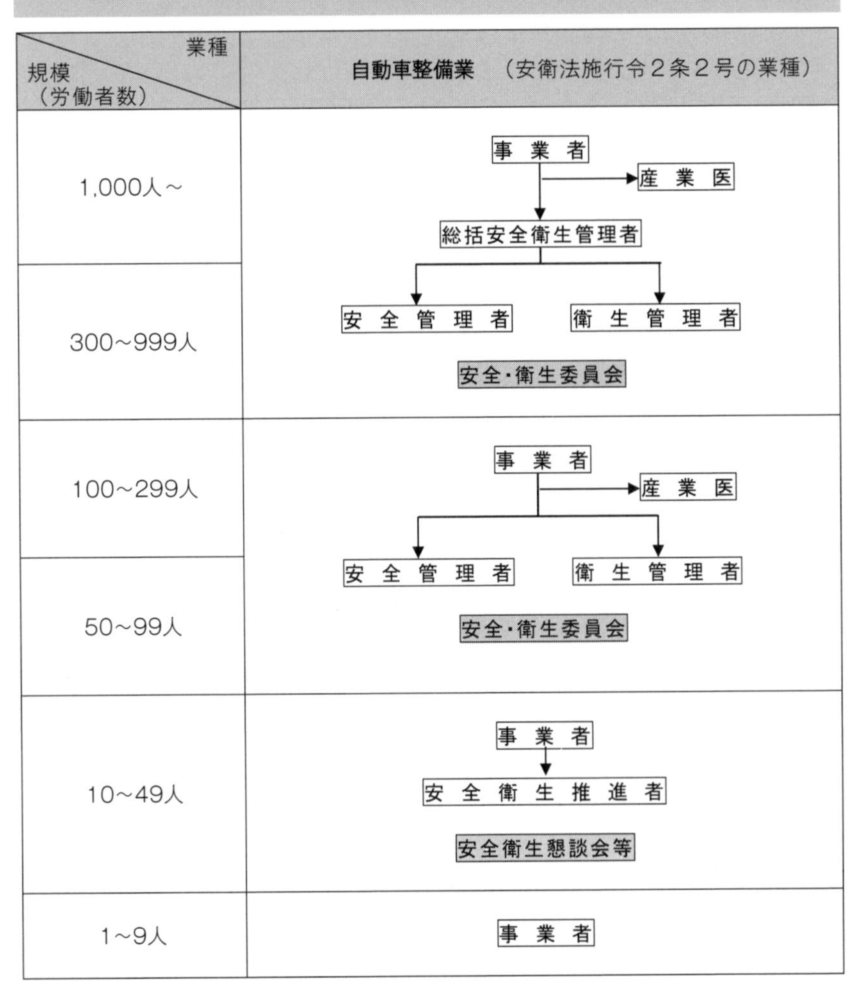

出典：厚生労働省・中央労働災害防止協会
『自動車整備業におけるリスクアセスメントマニュアル』12頁

図表63　安全衛生管理体制における役割

種類	選任義務	主な職務	その他
総括安全衛生管理者	常時300人以上の自動車整備の事業場（板金・塗装業含む。以下同様）	①　労働者の危険または健康障害を防止するための措置 ②　労働者の安全または衛生のための教育の実施 ③　健康診断の実施その他健康の保持増進のための措置 ④　労働災害の原因の調査および再発防止対策 ⑤　安全衛生に関する方針の表明 ⑥　危険性または有害性等の調査およびその結果に基づき講ずる措置 ⑦　安全衛生に関する計画の作成、実施、評価および改善	・資格や免許、経験は不要 ・選任事由が生じた日から14日以内に選任し、遅滞なく所轄労働基準監督署へ報告書を提出
安全管理者	常時50人以上の労働者を雇用する自動車整備の事業場	①　建設物、設備、作業場所または作業方法に危険がある場合における応急措置または適当な防止の措置 ②　安全装置、保護具その他危険防止のための設備・器具の定期的点検および整備 ③　作業の安全についての教育および訓練 ④　発生した災害原因の調査および対策の検討 ⑤　消防および避難の訓練 ⑥　作業主任者その他安全に関する補助者の監督	・学歴および実務経験に関する要件を満たし、厚生労働大臣が定める研修を修了した者 ・選任事由が生じた日から14日以内に選任し、遅滞なく所轄労働

		⑦　安全に関する資料の作成、収集および重要事項の記録 ⑧　他の事業場の労働者と混在して作業を行う場合における安全に関し、必要な措置	基準監督署へ報告書を提出
衛生管理者	常時50人以上の労働者を雇用する自動車整備の事業場	①　健康に異常のある者の発見および処置 ②　作業環境の衛生上の調査 ③　作業条件、施設等の衛生上の改善 ④　労働衛生保護具、救急用具等の点検および整備 ⑤　衛生教育、健康相談その他労働者の健康保持に必要な事項 ⑥　労働者の負傷および疾病、それによる死亡、欠勤および移動に関する統計の作成 ⑦　他の事業場の労働者と混在して作業を行う場合における衛生に関し必要な措置 ⑧　その他衛生日誌の記載等職務上の記録の整備等	・国家試験に合格した者 ・選任事由が生じた日から14日以内に選任し、遅滞なく所轄労働基準監督署へ報告書を提出
産業医	常時50人以上の労働者を雇用する自動車整備の事業場	①　健康診断および面接指導等の実施、ならびにこれらの結果に基づく労働者の健康を保持するための措置 ②　作業環境の維持管理 ③　作業の管理 ④　労働者の健康管理 ⑤　健康教育、健康相談その他労働者の健康の保持増進を図るための措置	・医師であり労働安全衛生規則所定の要件を満たす者 ・選任事由が生じた日から14日以内に選任し、遅滞な

		⑥　衛生教育 ⑦　労働者の健康障害の原因の調査および再発防止のための措置	く所轄労働基準監督署へ報告書を提出
安全衛生推進者	10人以上50人未満の労働者を雇用する自動車整備の事業場	①　労働者の危険または健康障害を防止するための措置 ②　労働者の安全または衛生のための教育の実施 ③　健康診断の実施その他健康の保持増進のための措置 ④　労働災害の原因の調査および再発防止対策 ⑤　安全衛生に関する方針の表明 ⑥　危険性または有害性等の調査およびその結果に基づき講ずる措置 ⑦　安全衛生に関する計画の作成、実施、評価および改善検討すべき事項	・①一定の講習を修了した者、②必要な能力を有すると認められる者のいずれかに該当した者 ・労働基準監督署への届出不要
安全衛生委員会	50人以上の労働者を雇用する自動車整備の事業場	①　労働者の危険および健康障害を防止するための基本となるべき対策に関すること ②　労働災害の原因および再発防止対策で、安全および衛生に係るものに関すること ③　労働者の健康の保持増進を図るための基本となるべき対策に関すること ④　安全衛生に関する規程の作成に関すること ⑤　危険性または有害性等の調査およびその結果に基づき講	・毎月1回以上開催し、その概要を記録（3年間の保存義務あり）し、議事内容を労働者に周知

		ずる措置のうち、安全および衛生に係るものに関すること ⑥　安全衛生に関する計画の作成、実施、評価および改善 ⑦　安全衛生教育の実施計画の作成 ⑧　化学物質の有害性の調査ならびにその結果に対する対策の樹立 ⑨　作業環境測定の結果およびその結果の評価に基づく対策の樹立 ⑩　定期に行われる健康診断、臨時の健康診断、自ら受けた健康診断およびその他の医師の診断、診察または処置の結果ならびにその結果に対する対策の樹立 ⑪　労働者の健康の保持増進を図るため必要な措置の実施計画の作成 ⑫　長時間にわたる労働による労働者の健康障害の防止を図るための対策の樹立 ⑬　労働者の精神的健康の保持増進を図るための対策の樹立 ⑭　労働基準監督署長等から文書により命令、指示、勧告または指導を受けた事項のうち、労働者の危険の防止および労働者の健康障害の防止	

(2) 産 業 医

健康でなければ仕事はできません。会社が労働者を雇用する責務には、健康管理も含まれるでしょう。そう考えると50人未満の事業場でも産業医を選任すべきですが、費用負担の増加は避けられません。

参考までに産業医報酬について、一般的には月額5万円程度が多いと聞いています（会社規模により変動あり）。ただ、とある行政担当者から聞いた話ですが、条件によっては格安で受けてもらえるケースもあるようです。相場はありながらも、意外とケースバイケースなのかもしれません。

(3) 安全衛生推進者

全業種を対象とした労働災害の発生状況を見ると、安全管理者または衛生管理者の選任が義務づけられていない小規模な事業場での発生率が格段に高くなっています。前章で触れたように、整備工場における労働災害の約8割が29人以下の事業場で発生しています。安全・衛生管理において一定の知識と経験を持った者を選任しなければならないのは、このような理由からかもしれません。

安全衛生推進者の資格要件として、学歴および実務経験について次の要件を満たす必要があります。

- 大学または高等専門学校を卒業した者で、その後1年以上安全衛生の実務に従事した経験を有する者
- 高等学校または中等教育学校を卒業した者で、その後3年以上安全衛生の実務に従事した経験を有する者
- 5年以上安全衛生の実務に従事した経験を有する者など

なお、ここで言う「安全衛生の実務」とは、一般的には事業場内の安全衛生関係の部署（安全衛生推進室など）において関係業務に携わっていた経験があることですが、その他管理または監督者が業務を進める上で「危険箇所の改善」「労働者の健康状態の確認」「健康診断等に関わる事務」などを行っていたケースも含まれます。

つまり、現場作業がメインだった労働者は「安全衛生の実務に従事した経験を有する」とは言えず、安全衛生推進者として選任するには「一定の講習を修了」する必要があります。

講習は、各地区の労働基準協会などで年に数回開催されています。2日間の講習で受講料は1～2万円程度です。選任義務のある事業場はもちろん、義務のない10人未満の事業場においても、労働災害防止の重要性を認識していただき、ぜひ受講してほしいと思います。

(4)　安全衛生懇談会等

安全衛生委員会の設置義務がない50人未満の事業場においては、労働者から意見を聞く場として設けましょう。

時間が取れないようなら、会議や朝礼と一緒に行ってもいいでしょう。整備工場の労働災害の約8割が29人以下の事業場で発生していることを見れば、欠かせない取組みと言えます。

2　整備・板金・塗装業務で必要とされる免許や資格

安衛法では、労働災害防止のため、危険な業務に従事するには一定の必要な知識や経験を必要としています。大別して「就業制限業務」「作業主任者を選任すべき業務」「特別教育を必要とする業務」がありますが、ここではクルマ屋さんに関係するものに絞って見ていきます。

(1)　就業制限業務

整備工場の業務には、機器や工具類を適切に取り扱わないと労働災害を発生させるおそれがある作業もあり、場合によっては周囲の労働者や一般市民を巻き込む危険性もあります。

とりわけガス溶接に関しては、マフラーのサビ穴補修やサビで固着したボルトを加熱して緩めやすくするなど、何かと出番が多いもの。筆者がディーラーに勤務していた頃、知識や経験が乏しい整備士もいて、近くにいるこっちが怖くなった経験が頭をよぎります。

「ガス溶接作業主任者」は試験合格が条件となり、他の2つは技能講習を修了する必要があります（図表64）。

(2)　作業主任者を選任すべき業務

労働者の指揮や設備等を管理する「作業主任者」を選任しなければならない業務は、図表65のとおりです。作業主任者は、充分な知識や経験を有する、免許を受けた者または技能講習修了者から選任し、経験の浅い労働者を直接指導することにより、労働災害を防ぐ目的があります。

このうち「有機溶剤作業主任者」は、技能講習を修了した者が対象となります。有機溶剤は自動車に使用する塗料に幅広く使われているため、塗装作業を行う整備工場においては、まずは有機溶剤作業主任者技能講習を受講する必要があるでしょう。

(3)　特別教育を必要とする業務

従事する者に対して特別な教育をしなければならないとされている危険または有害な業務は49業務ありますが、このうち自動車整備業で関連しそうなものは7業務です（図表66）。

クレーンの玉掛け業務については、免許および技能講習修了等の資格要件が定められています。

特別教育は、本来事業者が行うべきものですが、安全衛生関係団体等が実施する講習を受講することも可能です。

図表64　就業制限業務

業務の内容（安衛法61条、安衛法施行令20条）		業務に就くことができる者（資格者）	資格の取得方法
ガス溶接の作業（10号）	可燃性ガスおよび酸素を用いて行う金属の溶接、溶断または加熱の業務	ガス溶接作業主任者	指定試験機関が行う免許試験
		ガス溶接技能講習修了者	登録教習機関が行う技能講習
玉掛け作業（16号）	制限荷重が１t以上の揚貨装置またはつり上げ荷重が１t以上のクレーン、移動式クレーンもしくはデリックの玉掛けの業務	玉掛け技能講習修了者	登録教習機関が行う技能講習

出典：厚生労働省・中央労働災害防止協会
『自動車整備業におけるリスクアセスメントマニュアル』16頁

また、業務における十分な知識・技能を有していると認められる労働者については、特別教育を省略することができます。具体的には、その業務の上級資格を所有する者、他の事業場においてすでに特別教育を受けた者、職業訓練を受けた者などです。

なお、特別教育を行った場合、その受講者、科目等の記録を作成し、３年間保存しなければなりません。

これらの資格等は一度取得すれば生涯有効ですが、新設備の導入などにより技能や知識が追いついていない、もしくは伴っていない場合もあります。安衛法60条の２では、このような者に対する安

図表65　作業主任者（有資格者）を選任すべき業務

根拠	資格の種類	作業主任者の名称	選任すべき作業（安衛法14条、安衛法施行令6条、安衛則16条）	関係条項
安衛法施行令 6条2号	免許	ガス溶接作業主任者	アセチレン溶接装置またはガス集合溶接装置（10以上の可燃性ガスの容器を導管により連結または9以下の水素もしくは溶解アセチレンを400ℓ以上、その他のガス1,000ℓ以上）を用いて行う金属の溶接、溶断、加熱の業務	安衛則 314条
安衛法施行令 6条23号	技能講習	有機溶剤作業主任者	有機溶剤（安衛法施行令別表第6の2）の製造、取扱作業	有機則 19条

出典：厚生労働省・中央労働災害防止協会
『自動車整備業におけるリスクアセスメントマニュアル』16頁

全衛生教育を行う努力義務を規定し、「危険又は有害な業務に現に就いている者に対する安全衛生教育に関する指針」で必要な事項を定めています。

図表66　特別教育を必要とする危険・有害業務

根拠	特別教育を必要とする危険有害業務 （安衛法59条、安衛則36条）
安衛則36条 １号※1	研削砥石の取替時の試運転の業務
安衛則36条 ３号	アーク溶接機を用いて行う金属の溶接、溶断等の業務
安衛則36条 ４号※2	・高圧（直流750V、交流600Vを超え7,000V以下の電圧）もしくは特別高圧（7,000Vを超える電圧）の充電電路もしくは充電電路の支持物の敷設、点検、修理、操作の業務 ・低圧（直流750V以下、交流600V以下）の充電電路（対地電圧50V以下、電信電話用を除く）敷設、修理の業務または配電盤室、変電室等の低圧電路の充電部分が露出している開閉器の操作の業務
安衛則36条 15号	次の掲げるクレーンの運転の業務 イ　つり上げ荷重が５t未満のもの ロ　つり上げ荷重が５t以上の跨線テルハ
安衛則36条 19号	つり上げ荷重が１t未満のクレーン、移動式クレーンまたはデリックの玉掛けの業務
安衛則36条 29号	特定粉じん作業に係る業務 例）溶接作業、グラインダーによる研磨作業 など
安衛則36条 33号	圧縮空気を用いて自動車用（二輪車を除く）のタイヤに空気を充てんする業務

※１ 自工場におけるグラインダーの砥石を交換する作業
※２ ハイブリッド車および電気自動車の電気部分に係る作業
出典：厚生労働省・中央労働災害防止協会
『自動車整備業におけるリスクアセスメントマニュアル』17頁

Ⅱ　労働災害防止への取り組み方

1　リスクアセスメントとは

リスクアセスメントとは、「危険性または有害性によって生ずるおそれのある負傷・疾病の可能性度合（リスク）を評価する（アセスメント）」というもの。職場に潜む危険な業務を特定し、その災害の「程度」と「可能性」を組み合わせて危険性などを見積もり、そのリスクの大きさに応じて対策の優先度を決定した後、実際に防止策を進めていくという安全衛生管理手法です。

安衛法28条の2でリスクアセスメントの実施は「努力義務」として規定され、労働安全衛生規則24条の11、安衛法施行令2条2号にて対象業種が定められています。「努力義務」とは言っても、このような「“具体的”努力義務」は、行政の助言・指導・勧告等の指導対象になり得ると、筆者は考えています。「できれば実施してくださいね～」というニュアンスではなく、「実施しなければなりませんよ！」といったイメージ。この点は誤解のないよう認識していただいたほうがよいでしょう。

大まかな流れは、右のとおりです。

リスクアセスメントは、労働災害防止のための予防的手段（先取り型）であり、従来主流だった自社や他社で発生した労働災害から学び、発生後に行う事後対策（後追い型）とは異なる取組みです。

過去の災害等を教訓とするだけでは対策が後手に回ることも多いため、事前に自社の作業実態や業務の特性を捉えた上で最も有効だと思われる安全衛生対策を自ら実施するのです。

ここでは、厚生労働省と中央労働災害防止協会が作成した「自動車整備業におけるリスクアセスメントマニュアル」（以下、「リスクアセスメントマニュアル」という。https://www.mhlw.go.jp/

bunya/roudoukijun/anzeneisei14/dl/100119-all.pdf）から、現場で使いやすいように要点を絞って紹介します。

①　職場に潜んだあらゆる危険性または有害性を特定する
⬇
②　これらの危険性または有害性ごとに、既存の予防措置による災害防止効果を考慮し、リスクを見積もる
⬇
③　見積りに基づきリスクを低減するための優先度を設定し、リスク低減措置の内容を検討する
⬇
④　優先度に対応したリスク低減措置を実施する
⬇
⑤　リスクアセスメントの結果および実施したリスク低減措置を記録して、災害防止のノウハウを蓄積し、次回のリスクアセスメントに活用する

2　リスクアセスメントの目的と効果

自動車整備業の危険業務とそれにより起こり得る労働災害は次のように多岐にわたりますが、効果はこれを防止するために実施します。また、効果には①～⑥のようなものがあるといわれています。

リフト使用時の巻込まれや落下、ジャッキ使用時の挟まれや落下、
整備作業時の挟まれや火傷、タイヤ交換時の破裂や飛来、
溶接作業時の爆発や火傷、板金・塗装作業時の塗料との接触や熱中症等
×
死亡、骨折、打撲、捻挫、難聴、視力低下、裂傷、
失明、火傷、中毒、皮膚炎症、じん肺、むち打ち　など

①　作業現場のリスクが明確になる
　作業現場に潜んだ危険性または有害性が明らかになり、危険の芽を事前に摘むことができる
②　リスクに対する認識を共有できる
　現場作業員を中心に管理監督者と進めるため、職場全体の安全衛生リスクに対する共通認識を持つことができるようになる
③　本質安全化を主とした技術的対策への取組みができる
　リスクの大きさに対応した対策を選択することが必要になるため、本質安全化（危険の原因を取り除くこと）を主とした技術的対策への取組みを進めることになる
④　安全衛生対策の合理的な優先順位が決定できる
　リスクアセスメントの結果を踏まえ、リスクの見積り結果などにより実施対策を講じる優先順位を決めることができる
⑤　残ったリスクに対して「守るべき決めごと」の理由が明確になる
　技術的、時間的、経済的な理由により早急なリスク低減措置ができない場合、暫定的な管理的措置を講じた上で、対応が作業者の注意に委ねられることとなるが、注意して作業しなければならない理由を把握している作業者が参加していると、守るべき決めごとが徹底されるようになる
⑥　費用対効果の観点から有効な対策を実施できる
　リスクアセスメントで明らかになったリスクや、その低減措置ごとに緊急性、人材、資金など、必要なものが具体的に検討されるため、費用対効果の観点からも合理的な対策が実施できる

3　導入と実施手順

　導入のステップは「実施体制の確立」から始まる7段階（図表67)。作業の合間を見て計画的に少しずつでも進めていきましょう。

図表67　リスクアセスメントの導入・実施手順

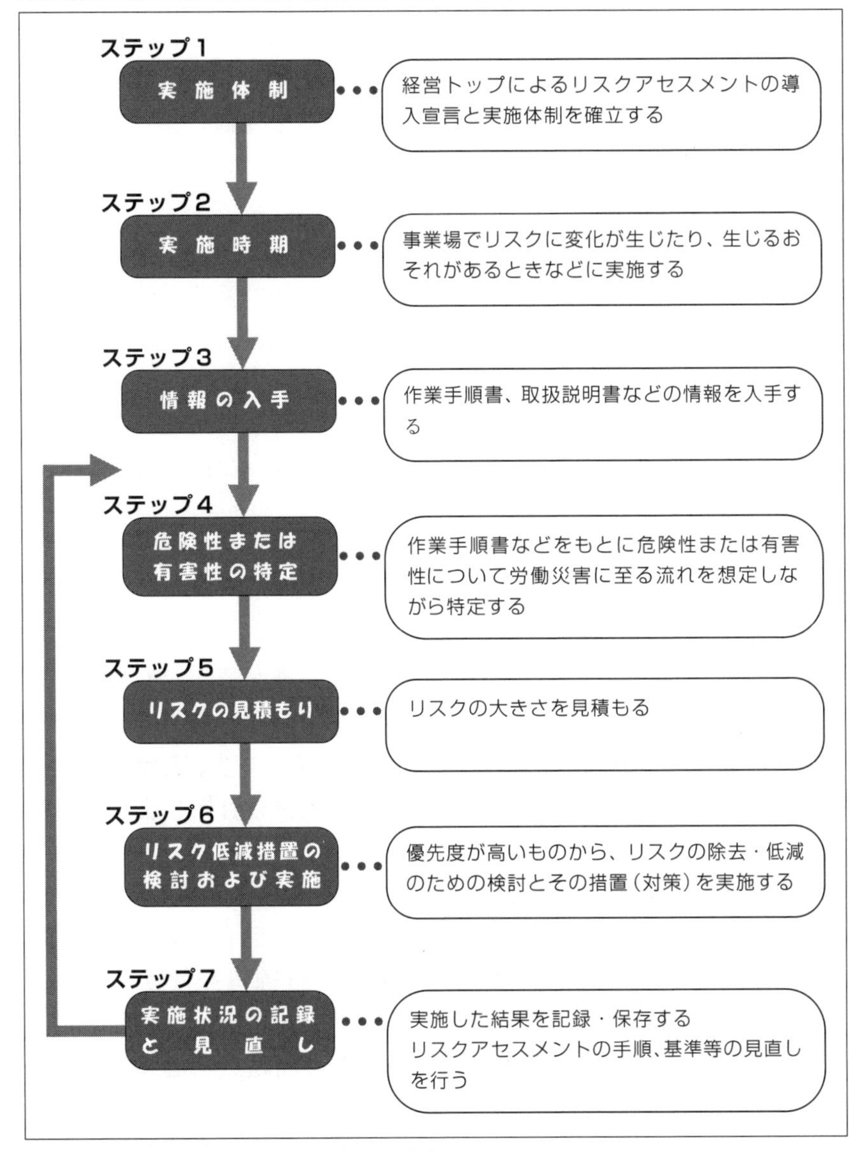

出典：厚生労働省・中央労働災害防止協会
『自動車整備業におけるリスクアセスメントマニュアル』40頁

(1) ステップ１「実施体制」の確立

① 経営トップ（社長・工場長）の導入宣言

小規模事業所では、やはり経営者が音頭を取らなければ物事はスムーズに進みません。経営者自らがリスクアセスメントの重要性を労働者へ伝えると同時に、導入への強い意欲を宣言しましょう。

② 事業場の実施体制の確立

実施メンバーを決定し、推進体制を明確にしましょう（図表68)。メンバーは、トップとして統括管理する事業者（社長・工場長など)、管理を担う安全衛生部門の長（安全管理者など)、実施しながらリスクの低減措置を進めていく各現場の責任者（チームリーダーなど）など。機械設備に詳しい者や現場作業に精通した者にも参加してもらうと、事業者が把握していないような担当者ならではの意見が得られるでしょう。

推進体制が確定したら、すべての労働者に周知します。

③ 実施手順書の作成

実施手順書（マニュアル）（図表69）は、誰が読んでも理解できるよう、なるべくシンプルかつわかりやすく記載します。専門用語のオンパレード だと読む気力がなくなります。多少、表現が間違っていても気にせず、常に活用できる実施手順書を目指しましょう。

④ トライアルの実施と見直し

手順書ができたら、なるべくそれに従ってトライアルを実施してみてください。ぶっつけ本番ではなく、予行練習も行うというイメージです。トライアルには次のような効果があるといわれます。

・リスクアセスメントの導入前に実施手順の問題点を把握し、改善することができる
・トライアルを実施することで、トライアルに関わる関係者の実地訓練の場となる

図表68　リスクアセスメントの実施メンバー（例）

手順 ＼ 推進体制	危険性または有害性の特定	リスクの見積もり	優先度の設定	リスク低減措置の検討
事業者（社長･工場長）	△	△	△	○
安全衛生部門の長（リスクアセスメント責任者）	△	○	◎	◎
現場の責任者（リスクアセスメント推進者）	◎	◎	○	◎
作業者	◎	◎	△	◎（意見の反映）

注）◎：必ず関わる　○：必要に応じて関わる　△：特別な事情がある場合に関わる
出典：厚生労働省・中央労働災害防止協会
『自動車整備業におけるリスクアセスメントマニュアル』42頁

⑤　関係者への教育の実施

関係者に対し教育を実施すると、より効果的です。教育項目は次頁に掲げるものを参考にしてください。

リスクアセスメント責任者 → 外部機関の研修会等

① 実施の狙いとその効果
② 考え方および手法
③ 日常の職場における安全衛生活動とリスクアセスメントの関係
④ 責任者の役割
⑤ 結果に基づくリスク低減措置の方法
⑥ 実効あるリスクアセスメント実施のための留意点
⑦ 検討結果について作業者へのフォロー方法

リスクアセスメント推進者 → 社内研修や外部機関の研修会等

① 実施の狙いとその効果
② 考え方および手法
③ 日常の職場における安全衛生活動とリスクアセスメントの関係
④ 推進者の役割
⑤ 作業者に教育を行う際の留意点

現場の作業者 → リスクアセスメント推進者による勉強会と現場での実践教育

① 実施の理由とその効果
② 考え方と手法
③ 日常の職場における安全衛生活動とリスクアセスメントの関係
④ 作業者が関わるリスクアセスメントの実施内容

図表69　リスクアセスメント実施手順書

リスクアセスメント実施手順書	制　定	○年○月○日
	改　定	◆年◆月◆日
目　的	当事業場内における危険性または有害性の特定およびこれらによるリスクを見積もり、これらのリスクを除去または低減するために必要な対策を実施することを目的とする。	
体　制	・リスクアセスメント責任者（●●部長：安全管理者） ・リスクアセスメント推進者（各課長） ・事務局（総務部）	

1　**実施時期**

リスクアセスメント責任者は、(1)の事由が発生した場合にはその都度、(2)の場合には年間スケジュールに基づきリスクアセスメントを実施する。

(1)　法で定められた実施　（随時）

労働安全衛生規則24条の11に示され、これを受けて指針で示された次の時期に実施する。

①　建設物を設置する、移転する、変更する、または解体するとき
②　設備を新規に採用する、または変更するとき
③　原材料を新規に採用する、または変更するとき
④　作業方法または作業手順を新規に採用する、または変更するとき
⑤　その他、次に掲げる場合等、事業場におけるリスクに変化が生じ、または生じるおそれがあるとき
　ア　労働災害が発生した場合であって、過去の調査等の内容に問題がある場合
　イ　前回の調査等から一定の期間が経過し、機械設備等の経年による劣化、労働者の入替わり等に伴う労働者の安全衛生に係る知識経験の変化、新たな安全衛生に係る知見の集積等があった場合

(2)　計画的な実施　（定期）

(1)とは別に、年に１回、２月までに実施する。
（リスクアセスメント責任者が年間スケジュールを年度当初に作成）

2　**情報入手**

リスクアセスメント責任者およびリスクアセスメント推進者は、危険性または有害性に関する資料として、次の資料を収集する。

①　作業手順書、作業標準（操作説明書、マニュアル）
②　使用する設備等の仕様書、取扱説明書、「機械等の包括的な安全基準に関する指針」に基づき提供される「使用上の情報」
③　使用する化学物質の化学物質等安全データシート（MSDS）

④　機械設備等のレイアウト等、作業の周辺の環境に関する情報
⑤　作業環境測定結果、特殊健康診断結果、生物学的モニタリング結果
⑥　混在作業による危険性等、複数の事業者が同一の場所で作業を実施する状況に関する情報
⑦　事業場内の災害事例、災害の統計・発生傾向分析
⑧　作業を行うために必要な資格・教育の要件
⑨　危険予知活動の実施結果
⑩　職場巡視の実施結果
⑪　ヒヤリ・ハット事例
⑫　職場改善提案の記録およびその具体的内容
⑬　３Ｓ（４Ｓ、５Ｓ）活動の記録

3　危険性または有害性の特定

リスクアセスメント推進者は、「危険性または有害性の特定票」（様式１）を活用し、作業手順書（作業標準）等を基に危険性または有害性を特定する。このとき、リスクの見積もりにおけるバラツキや誤差を小さくするために労働災害に至る過程（プロセス）を漏れなく表現する。

①　危険性または有害性　「～に、～と」
②　労働者　「～が」
③　危険性または有害性と労働者が近づく状態　「～するとき、～するため」
④　安全衛生対策の不備　「～なので」
⑤　負傷または疾病の状況　「（事故の型）＋（体の部位）を～になる、～する」

(1)　1(1)の場合

リスクアセスメント責任者は、必要な単位（機械・設備、化学物質、作業環境、作業方法などの単位）に該当するリスクアセスメント推進者に対し、作業標準、作業手順書等を活用し、危険性または有害性の特定をすることを指示する。

なお、設備・原材料の新規採用、変更など作業標準、作業手順書がない場合は、作業の手順を書き出した上で、それぞれのステップごとに危険性または有害性を特定する。

(2)　1(2)の場合

リスクアセスメント責任者は、何を対象として調査するかを明確にし、必要な単位（機械・設備、化学物質、作業環境、作業方法などの単位）に該当するリスクアセスメント推進者に対し、作業標準、作業手順書等を活用し、危険性または有害性の特定をすることを指示する。

なお、危険性または有害性の特定を実施する際には、別添「危険性または有害性の特定のポイント」を参照して行う。

４　リスクの見積もり

リスクアセスメント推進者と作業者は、「３　危険性または有害性の特定」で特定され「リスクアセスメント実施一覧表」に記入されたリスクごとにリスクを見積もる。

(1)　別に定める「リスクの見積もり」の評価基準に従い、リスクを見積もる。

(2)　見積もられたリスクの大きさに対し、別に定める「リスクの優先度」の基準に従い、リスクの優先度を決定する。

５　リスク低減措置の検討

(1)　リスクアセスメント責任者は、リスクアセスメント推進者および作業者と一緒に「４　リスクの見積もり」の結果、原則としてリスクの優先度が高いと評価されたリスクからそれぞれ具体的な除去・低減措置案を複数検討する。なお、必要に応じて専門的な知識を有する者の助言を得る。

(2)　(1)の措置案については、次のリスク低減措置の優先順位を基本に、具体的な措置案を複数検討する。

> ①　危険な作業の廃止・変更など、設計や計画の段階から労働者の就業に係る危険性または有害性の除去または低減
> ②　ガード、インターロック、局所排気装置等の設置等の工学的対策
> ③　マニュアルの整備等の管理的対策
> ④　個人用保護具の使用

(3)　(2)で検討された低減措置それぞれについて、措置実施によるリスク低減のリスクレベルを予測する。

(4)　(3)の検討結果から最適なもの（採用する低減措置は、１つのリスクについて１つとは限らない）を除去・低減措置案として採用する。

(5)　採用する除去・低減措置案が法令などの基準に適合しているかを必ず確認する。

(6)　リスクアセスメント責任者は、(4)の結果について、安全衛生委員会での審議を経た上で社長に報告し承認を得る。

６　リスク低減措置の実施

(1)　リスクアセスメント推進者は、すぐに実施できる低減措置について関係者と相談の上、スケジュールを組む。ただし、すぐには実施できないもの（計画的に実施するもの）については、次年度計画に盛り込む。

(2)　低減措置を実施する。

(3)　リスクアセスメント推進者は、低減措置後に「３　危険性または有害性の特定」で特定された危険性または有害性について、作業者の意見を求め、再度、リスクの見積もりを行う。また、措置後に新たな危険性または有害性が生じていないかを確認する。 (4)　前述の措置後に残った残留リスクは、次のように対処する。 ①　作業手順書の内容を修正する。 ②　関係する作業者に教育(周知)する。
7　記録 事務局は、次の資料を整理し保管する。 ①　リスクアセスメント実施一覧表 ②　①のときに使用した評価基準 ③　リスク管理台帳 ④　リスク改善事例

出典：厚生労働省・中央労働災害防止協会
『自動車整備業におけるリスクアセスメントマニュアル』62～65頁

(2)　ステップ２「実施時期」

労働安全衛生規則24条の11の「危険性又は有害性等の調査等に関する指針」で、実施時期は次のように示されています。

①　建設物を設置し、移転し、変更し、または解体するとき ②　設備を新規に採用する、または変更するとき ③　原材料を新規に採用し、または変更するとき ④　作業方法または作業手順を新規に採用し、または変更するとき ⑤　その他、次に掲げる場合等、事業場におけるリスクに変化が生じ、または生じるおそれがあるとき ア　労働災害が発生した場合であって過去の調査等の内容に問題がある場合 イ　前回の調査等から一定の期間が経過し、機械設備等の経年による劣化、労働者の入替わり等に伴う労働者の安全衛生に係る知識経験の変化、新たな安全衛生に係る知見の集積等があった場合

このように、事業場におけるリスクに変化が生じる、またはその可能性がある場合に「随時」実施することとされています。

しかし、筆者は**図表70**のように年間スケジュールを作成することをお勧めします。導入時にはそれぞれの活動項目に期限を設けることによって計画的に進めることができますし、その後もすでにある設備や作業方法の定期的な見直し、また継続的かつ繰返しの実施、未実施のものの調査を行うことも重要だからです。

実施する頻度は、事業場の設備規模や作業の種類、数に応じて異なるでしょう。状況に合った適切な頻度を設定しましょう。

(3)　ステップ３「情報の入手」

次の**ステップ４**「危険性または有害性の特定」で大きなリスクから優先的に改善を行うためにも、情報の入手と整理は重要です。

作業現場や会社で保管している具体的な資料を中心に、下記を参考にして突発的な作業等に関わる情報も含めて集めましょう。

労働災害の危険性は、作業を行っている労働者が最も身近に感じているものです。具体的な事例も豊富に持ち合わせているでしょう。次の⑦の「労働者が日常において不安を感じている作業等の情報、同業他社、関連業界の災害事例」は、特に重要で入手も容易と考えられます。ぜひ、労働者からの聞取りに時間を割いてください。

リスクアセスメントマニュアルで紹介している150件の災害事例も簡易的な災害予防のための資料としても有効ですので、事業主だけではなく現場作業員にも読んでもらうようにしましょう。

①　作業標準、作業手順書、操作説明書、マニュアルなど
②　使用する設備等の仕様書、取扱説明書、「機械等の包括的な安全基準に関する指針」に基づき提供される「使用上の情報」
③　使用する化学物質の化学物質等安全データシート（MSDS）
④　機械設備等のレイアウト等、作業の周辺環境に関する情報

図表 70　実施スケジュールの例

活動項目	○年 4月	5月	6月	7月	8月	9月	10月	11月	12月	◇年 1月	2月	3月
1 リスクアセスメントの導入宣言	●											
2 実施体制の整備	●											
3 リスクアセスメントの情報収集（責任者等が研修会へ参加）		●（1日研修）→	情報収集 →									
4 実施手順書（評価基準）の作成			● →	→	→ 実施手順書の見直し	→						
5 トライアルの実施				● →								
6 関係者への説明・教育（社長、職長との会議等）				●（研修）→	→		→（伝達教育）					
7 従業員への周知・教育				●（周知）			→（教育）					
8 リスクアセスメントの導入・実施									●（実施）			
9 リスク低減措置の検討・実施										●（検討）	●（実施）→	→
10 リスクアセスメントの見直し												●

出典：厚生労働省・中央労働災害防止協会
『自動車整備業におけるリスクアセスメントマニュアル』60頁

⑤　作業環境測定結果、特殊健康診断結果、生物学的モニタリング結果
⑥　混在作業による危険性等、複数の事業者が同一の場所で作業を実施する状況に関する情報（上下同時作業の実施予定、車両の乗入れ予定など）
⑦　災害事例、災害統計（事業場内の災害事例、災害の統計・発生傾向分析、トラブルの記録、労働者が日常不安を感じている作業等の情報、同業他社・関連業界の災害事例など）
⑧　作業を行うために必要な資格・教育の要件
⑨　危険予知活動（KYT）の実施結果
⑩　職場巡視の実施結果
⑪　ヒヤリ・ハット事例
⑫　職場改善提案の記録およびその具体的内容
⑬　3S（4S、5S）活動の記録

(4)　ステップ４「危険性または有害性の特定」

このステップ４は最も重要なステップで、収集した情報に基づき危険性または有害性のある作業を「危険性または有害性の特定票」に書き出していきます（図表71）。リスクアセスメントマニュアルの災害事例では、現場の作業者が見やすいように整備業で使用する工具、設備等に応じて次のように分類されているので、こうした分類も参考に、事業場の実態に合わせて書き出すとよいでしょう。

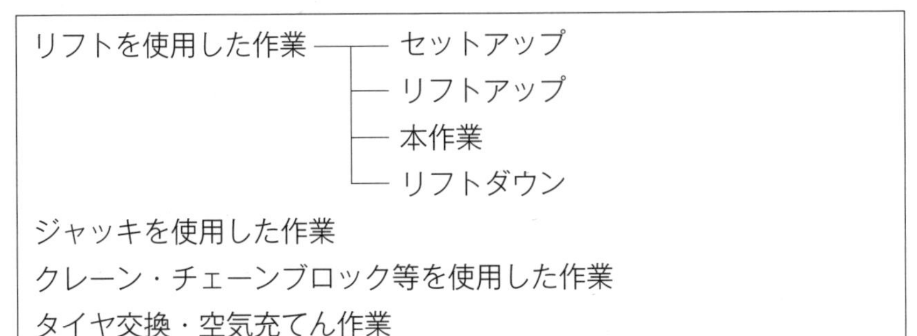

図表71　危険性または有害性の特定票

様式1

危険性または有害性の特定票

実施日	平成　年　月　日	実施者	所属	
			氏名	
職場名		作業		

① 危険性または有害性　「～に、～と」	② 人　「～が」
③ 危険性または有害性に労働者が近づく状態　「～するとき、～するため」	
④ 安全衛生対策の不備　「～なので」	
⑤ 負傷または疾病の状況　「（事故の型）＋（体の部位）を～になる、～する」	

（注）状況をわかりやすくするため、作業や設備の写真・イラストを別途添付すること。

出典：厚生労働省・中央労働災害防止協会
『自動車整備業におけるリスクアセスメントマニュアル』66頁

グラインダー・カッター・ボール盤を使用した作業
洗車・洗浄作業
検査作業
充電作業
ピットに係わる作業
整備作業
溶接作業
塗装・板金作業

そして、特定した作業について、「リスクアセスメント実施一覧表」（**図表72**）の1.～3.の欄に記入します。

(5)　ステップ５「リスクの見積り」

ステップ４で特定した作業について、労働災害の発生しやすさや被害の大きさなどの視点から、リスクの大きさを見積もっていきます。リスクアセスメントマニュアルでは、安全編と労働衛生編（科学物質、粉じん、騒音、暑熱）に分けて手法を示していますが、本書では最も災害頻度の高い安全編についてお伝えします。

リスクは、次の３項目について点数化します（点数の算出方法は**図表73～76**参照）。点数に応じたレベル分けで優先度が判断されます。点数が高いものほどリスクアセスメントを実施する必要性が高いと判断されます。

点数と優先度を算出したら、「リスクアセスメント実施一覧表」（**図表72**）の4.の欄に記載します。

①　労働者が危険性または有害性に近づく「頻度」
②　危険性または有害性に近づいたときに回避できない「可能性」
③　危険性または有害性によって発生した際、想定されるもっとも大きな負傷または疾病の「重篤度」

リスクの点数（リスクポイント）＝ 頻度 ＋ 可能性 ＋ 重篤度

図表72　リスクアセスメント実施一覧表

様式2

リスクアセスメント実施一覧表

対象職場	1,2,3,4の実施担当者と実施日	5, 6の実施担当者と実施日	7, 8の実施担当者と実施日
	年　月　日	年　月　日	年　月　日

社長	安全衛生委員長	部長	課長	

1. 作業	2. 危険性または有害性により発生のおそれのある災害	3. 既存の災害防止対策	4. リスクの見積もり					5. リスク低減措置案	6. 措置案想定リスクの見積もり					7. 対応措置		8. 備考（残留リスクについて）
			頻度	可能性	重篤度	合計	リスク		頻度	可能性	重篤度	合計	リスク	対策実施日	次年度検討事項	
①																
②																
③																
④																
⑤																
⑥																
⑦																
⑧																
⑨																
⑩																

出典：厚生労働省・中央労働災害防止協会
『自動車整備業におけるリスクアセスメントマニュアル』61頁

図表 73　頻度の区分と評価の点数

頻　度	点数	内容の目安
頻　繁	4	10 回程度に 1 回
時　々	2	50 回程度に 1 回
ほとんどない	1	100 回程度に 1 回

出典：厚生労働省・中央労働災害防止協会
『自動車整備業におけるリスクアセスメントマニュアル』86 頁

図表 74　可能性の区分と評価の点数

可能性	点数	内容の目安
極めて高い	6	危険に気がついたとしても、誰もが回避できない
高　い	4	危険に気がついたとき、回避できないことが多い
低　い	2	危険に気がつけば、回避できることが多い
極めて低い	1	危険に気がつけば、ほぼ回避できる

出典：厚生労働省・中央労働災害防止協会
『自動車整備業におけるリスクアセスメントマニュアル』87 頁

図表 75　重篤度の区分と評価の点数

重篤度	点数	災害の程度・内容の目安
致命傷	10	死亡や永久的労働不能につながるけが 障害が残るけが
重　傷	6	休業災害（完治可能なけが）
軽　傷	3	不休災害（医師による措置が必要なけが）
軽　微	1	手当後直ちに元の作業に戻れる軽微なけが

出典：厚生労働省・中央労働災害防止協会
『自動車整備業におけるリスクアセスメントマニュアル』87 頁

図表 76　リスクの優先度

リスク	点数 （リスクポイント）	優　先　度
Ⅳ	12～20	直ちにリスク低減措置を実施する必要がある（直ちに作業を中止または改善する）
Ⅲ	9～11	速やかにリスク低減措置を実施する必要がある（早急な作業の改善が必要）
Ⅱ	6～8	計画的にリスク低減措置を実施する必要がある（作業の改善が必要）
Ⅰ	5以下	必要に応じてリスク低減措置を実施する（残っているリスクに応じて教育や人材配置が必要）

〔点数が高いほど優先度が高い〕

出典：厚生労働省・中央労働災害防止協会
『自動車整備業におけるリスクアセスメントマニュアル』87 頁

(6)　ステップ６「リスク低減措置の検討および実施」

優先度が高いとされたリスクから、低減措置を検討します。①～④の順に措置を講ずることで得られる効果は下がりますので、可能な限り高い順位のものを実施しましょう。

①　危険な作業の廃止・変更

危険な作業の廃止・変更、危険性や有害性の低い材料への代替、より安全な施工方法への変更など

⬇

②　工学的対策

ガード、インターロック、局所排気装置等の設置など

⬇

③　管理的対策

マニュアルの整備、立入禁止措置、ばく露管理、教育訓練など

⬇

④　個人用保護具の使用

①～③の措置を十分に講じることができず、除去・低減しきれなかったリスクに対して実施するものに限る

リスクアセスメントマニュアルでは、次のように事故類型ごとに具体的な低減措置の例も示されているので参考にしてください。

措置の内容が決まったら、担当者がスケジュールに従って実施します。実施後は、実際に作業を行っている者の意見を中心に再度リスクの見積もりを行い、作業性や生産性などに影響がないかを確認しましょう。低減措置を実施しても、技術上の問題などでやむを得ず大きなリスクが残留してしまう場合は、現状をリスクアセスメントの結果として記録し、その内容を作業者に周知すると同時に、必要な保護具の使用や安全な作業手順を徹底しましょう。

（1）挟まれ・巻き込まれ災害の防止対策 （2）転落・転倒災害の防止対策 （3）運搬災害の防止対策 （4）感電災害の防止対策 （5）火災・爆発災害の防止対策 （6）静電気災害の防止対策 （7）粉じん・有機溶剤などによる健康障害の防止対策 （8）騒音・振動による健康障害の防止対策 （9）暑熱条件による健康障害の防止対策 （10）その他災害の防止対策

(7)　ステップ7「実施状況の記録と見直し」

リスク低減措置は、一度実施して終わり、ではありません。まとめたリスク情報は貴重な財産であり、これを活かすためにも普段の安全衛生活動においてきちんと管理することが重要です。

そのため、実施日および実施者に関する情報とともに実施結果として次の内容を記録したものを整理し、誰でも、いつでも見られるようにしておきましょう。

①　洗い出した作業（選定した対象、危険性または有害性の分類等） ②　特定した危険性または有害性 ③　見積もったリスク ④　設定したリスク低減措置の優先度 ⑤　実施したリスク低減措置の内容 ⑥　残留リスクへの対応内容

参考に、いくつかの様式を紹介しておきます。

図表77　リスク管理台帳

様式３

リスク管理台帳

職場名：

No	作業	リスクアセスメント結果		改善			対策完了日	措置実施後の効果確認	残留リスクに対する対応内容
		危険性または有害性により発生のおそれのある災害	リスク	リスク低減措置	完了見込日	責任者		リスク	

出典：厚生労働省・中央労働災害防止協会
『自動車整備業におけるリスクアセスメントマニュアル』68頁

①　リスクアセスメントを実施した原票（②で使用した評価基準） ②　リスクアセスメント実施一覧表（ステップ４で作成済み） （危険性または有害性別、作業別、職場別などに整理して保管） ③　リスク管理台帳（図表77） （優先度の高いリスクを抽出し、改善の実施結果を記録して保管） ④　リスク改善事例（図表78） （③のうち、改善の実施結果を写真とともに記録して保管）

リスクアセスメントの「見直し」も重要です。実施したものが適切であったか、さらなる改良・改善が必要なのか。作業者は常に考えて作業をし、責任者は現場からの聞取りや情報収集に努めなければなりません。そして、危険性を感じた場合は早急な対策を施しましょう。

図表78　リスク改善事例

様式４

リ　ス　ク　改　善　事　例

リスク管理台帳		
職場名：	No：	作　業：

改　善　前
年　月

危険性または有害性：

写　真

頻　度	可能性	重篤度	リスク

改　善　後
年　月

リスク低減措置：

写　真

頻　度	可能性	重篤度	リスク

出典：厚生労働省・中央労働災害防止協会
『自動車整備業におけるリスクアセスメントマニュアル』69頁

第６章
「人をつくる会社」を体現する会社の取組み例

I　就労困難者の積極雇用と社会貢献活動を実践する「有限会社アップライジング」

「ウチは超ダイバーシティですよ。障害者だけ、高齢者だけ、出所者だけ、児童養護施設出身者だけ、シングルマザーだけ、外国人だけ、元薬物依存症だけという会社は多くありますが、ウチは多様な人材が揃い、みなさん欠かせない戦力として活躍してもらっています」。

嬉しそうに話すのは、栃木県宇都宮市に本社を構える中古タイヤ専門店「有限会社アップライジング」の齋藤幸一代表取締役社長。同社は、第３回ホワイト企業大賞にて人間力経営賞を受賞し、多くのメディアでも取り上げられ、また同業他社の視察も絶えない会社です。視察者が口を揃えて「みんな明るく楽しそうに働いている」と言う同社の取組みを紹介します。

1　東日本大震災の復興支援の炊出しで価値観が変わる

会社設立間もない頃から少しずつ就労困難者を採用してきた同社ですが、東日本大震災の後、気仙沼市の避難所での炊出しに参加して被災者に喜ばれた経験から、齋藤社長は「困っている人を助けたい」という思いを強くし、「人の喜びは我が喜び。人のために生きていこう」と決意しました。

その後も、いくつもの被災地支援に参加するだけでなく、地域の小学校前での交通安全・挨拶運動、月に１度の駅前清掃など、多くの社会貢献活動に携わっています。

2　従業員の約７割が就労困難者

同社では採用ルートとしてハローワークのほかに、とちぎ若者サポートステーションや薬物依存症者の回復支援を行うNPO法人栃木ダルク、就労移行支援施設などからの紹介もあり、現在従業員約70名のうち就労困難者は７割程度。

就労困難者を「生産性を上げるための戦力」と位置づけ、なるべく得意な仕事をやってもらっているそうです。職場は「人間力大学校」と捉え、就労困難者だからといって線は引かず、一生懸命な人にはすべての社員が励まし合い、お互いの人間力を磨いていく好循環が自然と根付いているのも、同社の特筆すべき点でしょう。

就労困難者を数多く雇用していることに対し、他の従業員も、一生懸命働く人を応援する文化から、過去の経緯や置かれている状況とは関係なく誰もがお互いのことを納得していて、「自分達だって大した人間ではない」と謙虚なスタッフが多いそうです。

３ 低い離職率

同社は退職者も少なく、年間で０人だったり2〜3人だったり、一度退職した人が再入社する「出戻り」のケースも４人いるそうです。

退職理由は様々で、また薬物に手を出してしまうおそれから更正施設に戻って１年後の復帰を目指している人や、70 km離れた実家から通っていた自閉症スペクトラムの人が１年半働き続けたことで自分に自信を持てるようになり、実家近くの板金工場に転職した、などがあります。退職後も、タイヤを買いに来たり遊びに来たりする人が多く、やり取りが続く人が多いそうです。

４ 就労困難者がどこにいるかわからない？

社内のコミュニケーション不足を課題とする会社が多い中で、同社は「雑談ＯＫ」の社風も相まって、休みの日に海に行ったり、フットサルをやったり、飲み会も行うなど日常的にコミュニケーションを取る機会が多くあります。カップルも４組いるそうで、

「就労困難者がどこにいるかわからない」とよく言われるそうです。
　齋藤社長は社員との関係について「50対50であるべき、上下はありません」と力説しており、このような風通しの良さも同社の魅力なのかもしれません。

Ⅱ 従業員満足度とお客様満足度を追求する「ネッツトヨタ南国株式会社」

ネッツトヨタ南国株式会社（高知県高知市）は、「従業員満足度の追求」を長年にわたって貫くだけでなく、全国約 280 のトヨタ販売会社の中でお客様満足度１位も連続達成するなどが新聞や雑誌、テレビでも取り上げられる有名なディーラーです。

ここでは、同社トップとして長年指揮をとった横田英毅氏の著書「会社の目的は利益じゃない」から、その特徴的な経営手法をご紹介します。

1　社員のやりがいがすべて

横田氏は、「よい会社をつくりたいのであれば、本気で“社員を一番大事にしよう”と思わなければなりません。“社員とその家族を幸せにする”ことが目的で、業績がそのための目標にならなければなりません。」、と言います。

ところが、現実には「業績を上げたいから社員を大事にしよう」と“社員第一”が方便になっている会社が多いとして、次のようにも言っています。

「働く人の幸せはやりがい以外にありません。そしてやりがいが高まるのは自分のもっている人間力をフルに発揮したときです。ですから、社員が自分の人間力をぜんぶ発揮して、深いやりがいを感じるようなしくみをつくり、その結果、売上げや業績がよくなっていく、というのが本来の順序ではないかと私は思います」。

2　社員から愛される会社を目指す

「2%」という数字は、同社の離職率です。従業員数 142 名（2018

年現在。同社ホームページによる）での離職率2%とは、年間の退職者が2.84人、つまり3人未満ということを表しています。
“優秀な人ほど辞めない”という傾向にあるようで、横田氏はその理由を「社員満足度を目的とする経営が根づいてきて、スタッフがこの会社を“自分が成長できる場”と認識するようになったからだと思います」と言っています。

3　今日の1台より将来の100台

同社では来店集客型の営業スタイルを採用しており、ショールームで数多くのイベントを開催し、集客を図っています。イベントはすべて社員が自発的に企画したもので、「車の販売にこだわらない」のが特徴です。「お客様と社員双方が満足や感動を得ること」を目的として、お客様の喜ぶ姿を見た社員が、それを自分たちのやりがいや活力に変えていくのだそうです。
モットーである「今日の1台より、将来の100台を！」も、目先の1台を売るよりも100人に同社の存在を知ってもらい、好意的な印象を持ってもらうほうが長期的に見れば有益だという考えによるものです。

4　ネッツトヨタ南国が目指す組織

同社の新入社員研修には、「目の不自由な方と4日間の四国霊場八十八カ所巡礼」や「鹿児島県知覧特攻平和記念館での特攻隊員の遺書に学ぶこと」など、「人としての気づき」や「生きがい」を抱かせるようなものがあります。
これらは、「大切なことを社員たちに気づいてもらい、やりがいと生きがいを感じてほしい。そんな環境をつくることが、経営者のいちばん大切な仕事だと私は考えています」という横田氏の言葉を実践しているものと言えます。

組織づくりも、同社の「全社員を人生の勝利者にする」という信念から、スタッフが仕事そのものに喜びを見出し、能力を十二分に発揮して自分自身と会社を成長させ続けていくような組織を目指して挑戦しています。

筆者はこの姿勢に強く共感します。なぜなら「働く＝やりがい」だと思っているからです。

給与がいくら高くてもやりがいを感じられなくてはモチベーションは長続きしません。でも、やりがいがあればモチベーションは長続きします。これが、「働く＝やりがい」だと感じる１つの理由でもあります。

横田氏は、「経営の世界では、20 年や 30 年はあっという間に経過してしまいます。ですから地道にこつこつと、“人の幸せ”を本気で考え、実践し続けることこそ、経営の王道なのだろうと思います」とも言っています。

5　小規模事業所ならではの「やりがい」を感じる瞬間とは

従業員にやりがいを感じてもらうための取組みとして、もっともシンプルで取り組みやすいことを紹介しますので、試していただきたいと思います。それは「ユーザーからの感謝の声」をすべての従業員に伝える、というもの。

「いつも親切なアドバイスありがとう」「エンジンが掛からず動かないところ助かりました」「ぶつけた車の修理で迅速に対応してもらい救われたよ」など、日々多くのユーザーから感謝の声が届いているはずです。

人は、“感謝の声”をもらったときにやりがいを感じるものです。ぜひともトライしてみてください。きっと、社員のため、会社のためになるはずです。

おわりに

今、自動車産業は大きく変わりつつあります。電気自動車や自動運転のみならず、なんと“空飛ぶクルマ”の開発も加速していると聞きます。SF 映画のような話です。今後どれほどの進化を遂げ、どのような課題が待ち受けているのか、専門家でも明確な答えは出せないでしょう。

しかし筆者は、なすべきことを確信しています。それは、「働く人の能力を 120%発揮する」ということです。

人の知恵は無限です。モチベーションも上限がありません。自ら考え、言われずとも積極的に行動し、部下の信頼も厚い。そんなスタッフを数多く育ててほしいと思います。

働きがいを追求する、スタッフを大事にする、職場環境を良くする、就労困難者に手を差し伸べる、社員研修を徹底する。

ぜひ社風に合った取り組みを実践していただき、そして、激変する業界にも臨機応変に対応できる“強固な組織”を目指してほしい、そう強く願っています。

最後に、顧問先経営者の皆さんをはじめ、多くの方々に貴重なご意見や情報提供、取材に協力していただきました。この場を借りて深く感謝申し上げます。

本当にありがとうございました！

社会保険労務士　本田淳也

■著者略歴

本田　淳也（ほんだ　じゅんや）

1975年青森県深浦町生まれ。

本田社会保険労務士事務所代表。21あおもり産業総合支援センター専門家。

北海道自動車短期大学を卒業後、国家二級自動車整備士を取得し札幌市内のディーラーにメカニックとして勤務。その経験を活かし、四輪駆動車専門誌「4×4MAGAZINE」編集部で数多くの記事を執筆。

帰郷後、社労士事務所、税理士事務所勤務を経て、2014年1月開業。

経営全般の分析を得意とし、そこから考えられるアイディアや解決策を経営者とともに模索する伴走型の労務管理が特徴的。

「事業は人なり」を胸に抱き、顧問先企業を中心に働く人の大切さを伝え続けている。

■本田社会保険労務士事務所

〒030-0802　青森市本町5丁目10-1-3F

TEL：017-752-0506

E-mail：honda@sha-ro.com

URL：http://sha-ro.com

■参考文献

洋泉社　若松義人『最強トヨタのカイゼンの極意』

プレジデント社　原マサヒコ『Action! トヨタの現場の「やりきる力」』

文響社　桑原晃弥『トヨタだけが知っている早く帰れる働き方』

成美堂出版　若松義人『「トヨタ流」自分を伸ばす仕事術』

高橋書店　井上健一郎『“ゆとり世代”を即戦力にする50の方法』

あさ出版　横田英毅『会社の目的は利益じゃない 誰もやらない「いちばん大切なことを大切にする経営」とは』

自動車整備業の経営と労務管理　　2019年3月25日　初版発行

検印省略

日本法令®

〒101－0032
東京都千代田区岩本町1丁目2番19号
https://www.horei.co.jp/

著　者　本　田　淳　也
発行者　青　木　健　次
編集者　岩　倉　春　光
印刷所　日本ハイコム
製本所　国　　宝　　社

（営　業）　TEL　03-6858-6967　　Eメール　syuppan@horei.co.jp
（通　販）　TEL　03-6858-6966　　Eメール　book.order@horei.co.jp
（編　集）　FAX　03-6858-6957　　Eメール　tankoubon@horei.co.jp

（バーチャルショップ）　https://www.horei.co.jp/iec/
（お 詫 び と 訂 正）　https://www.horei.co.jp/book/owabi.shtml

※万一、本書の内容に誤記等が判明した場合には、上記「お詫びと訂正」に最新情報を掲載しております。ホームページに掲載されていない内容につきましては、FAXまたはEメールで編集までお問合せください。

・乱丁、落丁本は直接弊社出版部へお送りくだされば お取替え致します。

ISBN 978-4-539-72656-3